计算机应用基础

（第 3 版）

胡选子　主编

汪　嘉　黄凌峰　副主编

清华大学出版社

北　京

内 容 简 介

本书介绍了计算机硬件和软件的基础知识、办公自动化软件常用功能、多媒体技术应用、通信与网络基础以及信息技术前沿知识，可满足高职高专院校计算机公共基础课教学的需要。信息技术的发展一日千里，本书在内容选取上更注重新时代信息技术的发展与应用，除了介绍常用的软件功能操作之外，更创新性地融入"云计算""大数据"等新技术的简介及应用案例，使学生可以更加紧跟时代的步伐。

本书既可作为高职高专院校、应用型本科院校和普通高等院校计算机应用基础课程的教材，也可作为计算机初学者和各类办公人员的自学用书，还可作为各类计算机培训班的培训教材。

图书在版编目（CIP）数据

计算机应用基础 / 胡选子主编. —3 版. —北京：清华大学出版社，2020.6（2022.12重印）
ISBN 978-7-302-54933-8

Ⅰ. ①计…　Ⅱ. ①胡…　Ⅲ. ①电子计算机—高等职业教育—教材　Ⅳ. ①TP3

中国版本图书馆 CIP 数据核字（2020）第 025169 号

责任编辑：邓　艳
封面设计：刘　超
版式设计：文森时代
责任校对：马军令
责任印制：宋　林

出版发行：清华大学出版社
　　　　网　　　址：http://www.tup.com.cn，http://www.wqbook.com
　　　　地　　　址：北京清华大学学研大厦 A 座　　　　邮　　编：100084
　　　　社 总 机：010-83470000　　　　　　　　　　邮　　购：010-62786544
　　　　投稿与读者服务：010-62776969，c-service@tup.tsinghua.edu.cn
　　　　质量反馈：010-62772015，zhiliang@tup.tsinghua.edu.cn
印 装 者：北京国马印刷厂
经　　销：全国新华书店
开　　本：185mm×260mm　　　　印　　张：15.75　　　　字　　数：369 千字
版　　次：2010 年 9 月第 1 版　2020 年 6 月第 3 版　　印　　次：2022 年 12 月第 2 次印刷
定　　价：59.00 元

产品编号：085476-01

前　言

随着信息技术和移动互联网技术的飞速发展，计算机的应用已经深入社会生活的各个领域，掌握计算机应用知识和技能是当今社会复合型人才必备的基本技能，并将为日后的学习、生活、工作提供极大的便利。

近年来，随着以移动互联网为代表的信息科技的高速发展，在计算机应用领域产生了许多新科技的应用，为了紧跟当前计算机技术发展的步伐，《计算机应用基础（第3版）》在第2版的基础上新增了对于计算机应用领域新科技和新成果的发展和介绍，这些新科技包括移动互联网、物联网、大数据、云计算、人工智能等新应用。新时代对于高职学生的计算机应用操作提出了新要求，已不限于对传统的办公软件的操作，在掌握利用软件进行图形图像处理和网页设计等技能等方面都提出了新的要求，为满足需要，新版新增了图形图像处理和网页设计的操作介绍。全书以实际应用为导向，采用任务驱动与情境案例相结合的教学模式，注重实际操作技能的训练和自主学习能力的培养。案例选取典型，紧贴工作岗位，内容丰富，条理清晰，图文并茂，易教易学。

本书由计算机的产生和发展、Word 2010 应用、Excel 2010 应用、PowerPoint 2010 应用和图像处理与网页制作 5 部分组成，每部分又由若干情境组成，知识点通过实际的应用案例来讲解，重在突出实用性。

第 1 部分由情境 1 组成。情境 1 要完成 6 个工作任务，学习计算机的基础知识，计算机的产生与发展，计算机的各组成部件，计算机的性能指标，并介绍了计算机应用领域的最新发展成果分别为云计算、大数据、物联网、人工智能、移动互联网等新科技的认识和应用，最后完成微信公众号的创建和应用任务。

第 2 部分由情境 2 和情境 3 组成。情境 2 要完成设置宣传手册的页面格式和格式化宣传手册两个工作任务；最终完成宣传手册的排版，以此来掌握 Word 2010 排版的应用。情境 3 要完成 3 个任务，通过图形、图片、艺术字、组织结构图和表格等来美化文档，并能自动生成宣传手册的目录。

第 3 部分由情境 4 和情境 5 组成。情境 4 要完成 Excel 2010 工资表常用的公式和函数应用两个工作任务，通俗易懂，对 Excel 2010 工资表中数据根据需求进行快速的计算和分析，提高效率。情境 5 通过 6 个工作任务，介绍了 Excel 2010 中排序、分类汇总、数据筛选和数据透视表、数据合并、建立工资图表等操作，最终完成工资表数据的处理与分析。

第 4 部分由情境 6 和情境 7 组成。情境 6 要完成管理 PowerPoint 幻灯片和配置幻灯片的外观两个工作任务，对演示文稿的整体效果进行设置，介绍了用版式、母版、模板、主题、配色方案、背景对学院介绍演示文稿进行管理和美化。情境 7 进一步对演示文稿进行了自定义动画、幻灯片切换、自定义放映、超链接等操作来实现动态效果，以增加演示文稿的动感和交互性。

第 5 部分由情境 8 和情境 9 组成，情境 8 通过两个工作任务，介绍了基本的 Photoshop 图像处理工具操作，能进行图像合成，能运用 Photoshop 进行数码照片后期处理。情境 9 通过两个工作任务介绍基础的网页制作知识，任务 1 介绍了 HTML 语言创建网页页面的方法，任务 2 介绍了标题、段落、水平线、列表、视频和图像添加的操作，对页面进行设置。

本书由胡选子任主编。情境 1 由黄凌峰编写，情境 2 和情境 3 由陆炜妮编写，情境 4 和情境 5 由李淑飞编写，情境 6 和情境 7 由陈炯然编写，情境 8 由肖玉编写，情境 9 由汪嘉编写。本教材在编写过程中，得到了许多同行的帮助和支持，在此表示诚挚的感谢。

由于作者水平有限，加之时间仓促，书中难免存在不足和疏漏之处，恳请广大读者批评指正。

编　者

目 录

第 1 部分 计算机基础知识

第 2 部分 Word 2010 应用

第 3 部分 Excel 2010 应用

第4部分 PowerPoint 2010 应用

第5部分 图像处理与网页制作

第 1 部分

计算机基础知识

情境 1 计算机的产生与发展

计算机的产生与发展

人类发展至今经历了无数的创造发明，而对目前生活影响最大的无疑是计算机的出现。计算机的广泛应用革命性地改变了人类的生活：便利的办公、快捷的网络、高效的通信、方便的社会服务和实时的金融操作等。当这一切发生在我们身边时，熟练使用计算机就成为日常生活中一门必不可少的技能。

在本学习情境中，主要完成 6 个工作任务，让用户系统地了解计算机组成和计算机应用领域的最新发展成果。

任务 1.1　计算机基础知识

任务 1.2　认识云计算

任务 1.3　认识大数据

任务 1.4　认识物联网

任务 1.5　认识人工智能

任务 1.6　移动互联网

任 务 描 述

在本情境中，主要让用户了解计算机的产生与发展，认识计算机的各组成部件，了解计算机的性能指标，了解计算机领域的最新发展成果。

任务 1.1　计算机基础知识

电子计算机是自动化的信息处理工具，是 20 世纪人类社会最伟大的发明创造之一。随着科学技术的发展，计算机的应用已深入社会的各个领域，成为人们学习、生活和工作中必不可少的工具。

1.1.1 计算机的发展史

第一台电子计算机 ENIAC（Electronic Numerical Integrator And Calculator，电子数字积分计算机）（见图 1-1），于 1946 年 2 月 14 日在美国宾夕法尼亚大学研制成功。当时计算机主要用来解决复杂的国防和科学计算问题，如计算炮弹、火箭及导弹的运动轨迹。

图 1-1　ENIAC 电子计算机

1952 年 1 月，由计算机之父冯·诺依曼（Von Neumann）（见图 1-2）设计的电子计算机 EDVAC（Electronic Discrete Variable Automatic Computer，离散变量自动电子计算机）问世。冯·诺依曼大胆提出计算机的数制采用二进制。

图 1-2　冯·诺依曼

根据计算机使用的主要元器件不同，一般将计算机的发展划分为四代：第一代是电子管计算机；第二代是晶体管计算机；第三代是集成电路计算机；第四代是大规模、超大规模集成电路计算机。具体发展历程如表 1-1 所示。

表 1-1 计算机发展史简介

时　代	年　份	电子元器件	代表软件	应　用
第一代	1946—1957	电子管	机器语言、汇编语言	科学计算
第二代	1958—1964	晶体管	批处理系统，Fortran、COBOL 等	数据处理和工业控制
第三代	1965—1970	中小规模集成电路	操作系统、Basic、Pascal 等	文字处理和图形处理
第四代	1971 年至今	大规模和超大规模集成电路	VC++等面向对象程序设计语言	社会的各个领域

美籍匈牙利数学家冯·诺依曼于 1946 年提出了计算机设计的 3 个基本思想。

（1）计算机是由运算器、控制器、存储器、输入设备和输出设备 5 个基本部分组成。

（2）采用二进制形式表示计算机的指令和数据。

（3）将程序和数据存放在存储器中，让计算机自动地执行程序。

自从世界上第一台计算机 ENIAC 诞生到现在，绝大部分的计算机都是冯·诺依曼的第四代计算机，本代计算机基本采用超大规模集成电路作为电子元器件，采用高度集成化的技术，大幅度降低了计算机制造成本，使计算机可以应用到社会的各个领域。

计算机的发展趋势是巨型化、微型化、网络化和智能化，未来计算机的研究目标是超越现有的计算机体系结构（冯·诺依曼结构），使计算机能够具有像人一样的思维、推理和判断能力。

1.1.2　计算机的特点

电子计算机是能够高速、精确、自动地进行科学计算及信息处理的现代化电子设备。它与过去的计算工具相比，具有以下几个主要特点。

1. 运算速度快

计算机运算速度极快，当前普通的微型计算机每秒可执行几十万条指令，而巨型机则可达到每秒执行几十亿甚至几百亿条指令。

2. 计算精度高

电子计算机具有以往其他计算机无法比拟的计算精度，其计算精度在理论上不受限制，一般的计算机均能达到 15 位有效数字，目前已达到小数点后上亿位的精度。

3. 具有超强的"记忆"和逻辑判断能力

计算机中有许多存储单元，用以"记忆"信息。计算机的存储系统由内存和外存组成，具有存储和"记忆"大量信息的能力。如今的计算机不仅具有"记忆"能力，还具有逻辑判断能力，可以使用其进行诸如资料分类、情报检索等具有逻辑加工性质的工作。

4. 具有自动执行程序的能力

计算机能在程序控制下进行连续的高速运算。由于计算机具有内部存储能力，可以将指令事先输入到计算机存储起来，开始工作以后，依次从存储单元中去取指令，用来控制计算机的操作，实现操作的自动化，这种工作方式称为存储程序和程序控制方式。

5. 可靠性高

随着微电子技术和计算机科学技术的发展，现代电子计算机连续无故障运行时间可达几万、几十万小时以上。也就是说，它能连续几个月甚至几年工作而不出差错，具有极高的可靠性。例如，安装在宇宙飞船、人造卫星上的计算机，能长时间可靠地运行，以控制宇宙飞船和人造卫星的工作。

1.1.3　计算机的分类

计算机按不同的分类标准可分成不同的种类，具体分类标准如下。

（1）按信息的处理方式分：数字计算机和模拟计算机。

（2）按性能指标分：巨型机、大型机、中型机、小型机、微型机和工作站。

（3）按用途分：专用计算机和通用计算机。

（4）按字长分：8 位、16 位、32 位和 64 位计算机。

1.1.4　计算机系统的组成

一个完整的计算机系统由硬件系统和软件系统组成（见图 1-3）。计算机硬件系统（Hardware）指的是所能看到的组成计算机的物理设备。计算机软件系统（Software）是用来指挥计算机完成具体工作的程序和数据，是整个计算机的灵魂。

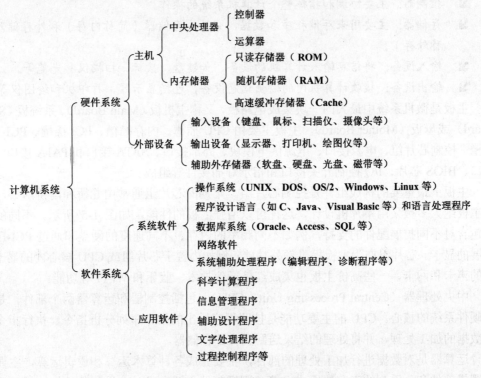

图 1-3　计算机系统的组成

1.1.5 计算机的硬件系统

计算机硬件系统一般由运算器、控制器、存储器、输入设备和输出设备五大部分组成，如图 1-4 所示。运算器和控制器合称为 CPU（中央处理器）；存储器又分为内存储器和外存储器；CPU 和内存储器合称为主机；外存储器、输入设备和输出设备合称为外部设备。

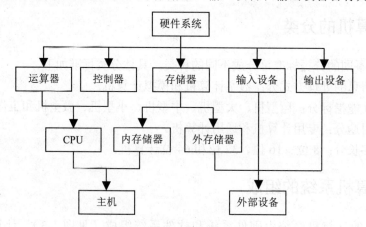

图 1-4　计算机硬件系统的组成

- ➧ 运算器：主要负责完成算术运算和逻辑运算。
- ➧ 控制器：主要协调和指挥整个计算机系统的操作。
- ➦ 存储器：主要用来存储程序和数据，分为主存储器（简称内存）和外存储器（简称外存）。
- ➧ 输入设备：将信息输入计算机的设备，如键盘、鼠标、扫描仪和光笔等。
- ➦ 输出设备：接收计算机内的输出信息设备，包括显示器、打印机和绘图仪等。

主板是微机系统中最大的一块集成电路板，又称主机板（Main Board）、系统板（System Board）或母板（Mother Board），主板主要由 CPU 插槽、内存插槽、PCI 插槽、PCI-E X16 插槽、控制芯片组、电源接口、电源供电模块、外部接口、SATA 接口和 PATA 接口、USB 接口、BIOS 芯片、I/O 控制开关接口和指示灯插接件等组成。

主板上最重要的构成组件是控制芯片组。早期的芯片组通常由北桥和南桥组成，现在的主板绝大多数采用单片机设计，这样可以增强主板的性能，如图 1-5 所示。不同的芯片组包含对不同扩展配件的支持，例如不同频率的内存、不同速度的硬盘和通过 PCI-E 插槽扩展的显卡。芯片组亦为主板提供额外功能，例如内置于芯片组或 CPU 核心内的显卡，集成的声卡和网卡，一些高价主板也集成红外通信技术、蓝牙和 Wi-Fi 等功能。

中央处理器（Central Processing Unit，CPU），包括控制器和运算器两个部件，是计算机硬件系统的核心。CPU 的主要功能是按照程序给出的指令序列分析指令、执行指令，完成数据的加工处理，并将处理的结果送回到内部存储器。

运算器是对数据进行加工处理的部件，主要完成各种算术运算和逻辑运算，主要由算术逻辑部件和一系列的寄存器组成。算术逻辑部件主要完成对二进制数的加、减、乘、除等算术运算和与、或、非等逻辑运算以及各种移位操作。寄存器一般包括累加器、数据寄存器等，主要用来保存参加运算的操作数和运算结果。状态寄存器则用来记录每次运算结果的状态。

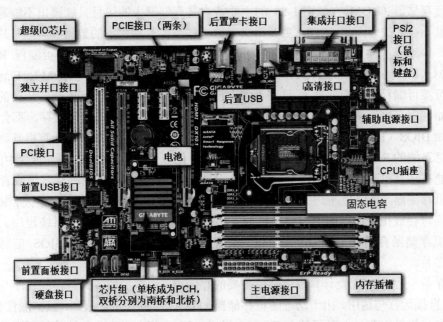

图 1-5　主板的接口及芯片介绍

控制器是整个计算机系统的神经中枢和指挥中心，用来协调和指挥整个计算机系统的操作，它本身不具有运算功能，而是通过从存储器中读取各种指令，并对其进行翻译、分析，产生一系列控制命令，从而向其他部件发出控制信号，指挥计算机各部件的协同工作。它主要由指令寄存器、译码器、程序计数器及时序电路等组成。

CPU 两大主要的竞争生产厂商是 Intel 公司和 AMD 公司。如图 1-6 和图 1-7 所示，分别为英特尔中央处理器和 AMD 中央处理器。

图 1-6　英特尔中央处理器

图 1-7　AMD 中央处理器

存储器，用来存储程序和数据的部件，通常分为内存储器和外存储器。内存储器简称为内存，也称为主存储器；外存储器简称为外存，也称为辅助存储器。内存主要用于存放计算机运行期间所需要的程序和数据，由于内存的存取速度较快，因此用于和 CPU 进行数据的交换。内存的大小及其性能的优劣直接影响计算机的运行速度。

内存主要由只读存储器（Read-Only Memory，ROM）、随机存储器（Random-Access Memory，RAM）和高速缓冲存储器（Cache）构成。

只读存储器（ROM）（见图1-8）的主要特点是存储器中的信息只能读出不能写入，断电后信息不会丢失。因此，ROM主要用来存放一些需要长期保留的数据和程序，其信息一般由出产厂家一次性写入。ROM 又分为 PROM（Programmable ROM，可编程 ROM）、EEPROM（Electrically Erasable Programmable ROM，电可擦写可编程 ROM）、Flash ROM（闪存可擦可编程只读存储器）。这些 ROM 芯片都是在特定的条件下更改芯片内的信息内容，比如利用高电压将数据编程写入芯片中，一旦写入后则可以长时间保存，不会丢失。

比如 BIOS（Base Input/Output System）系统芯片，它是一个集成了计算机基础写入和读出信息系统的 ROM 芯片，这种 BIOS 芯片一般固化在计算机的主板之上。芯片中的 BIOS 程序不能被轻易更改，只能通过生产厂家配备的特定程序才可以进行固件升级或者降级。

随机存储器（RAM）的主要特点是信息既可读又可写，断电后信息会丢失。RAM 主要用来临时存放正在运行的用户程序和数据，以及临时从外存中调用的系统程序。我们常见的随机存储器有插在主板内存槽上的内存条，以及主板上用来存放 BIOS 信息数据的 CMOS 芯片。

内存条（见图1-9）是计算机内部最主要的存储器，用来加载各式各样的程序与数据以供 CPU 直接运行与运用。由于动态随机存储器（DRAM）的性价比很高，且扩展性也不错，因此现在计算机内存最主要还是由 DRAM 组成。2014 年左右生产的计算机所用的主存主要是 DDR3 SDRAM，而 2016 年开始 DDR4 SDRAM 逐渐普及。DDR4 比 DDR3 具有更好的工作频率以及更大的单条容量，DDR4 可以给更多的应用提供支持。

图1-8　只读存储器

图1-9　内存条

CMOS（Complementary Metal Oxide Semiconductor，互补金属氧化物半导体）芯片是主板上的一块可读/写的 RAM 芯片，用于保存 BIOS 系统内的设置参数及数据。虽然 CMOS 芯片属于 RAM，但由于 CMOS RAM 是靠系统电源和主板上的后备电池（锂电池）来供电，因此，即使系统断电后其中的信息也不会丢失。

CPU 在执行指令时，会将执行结果暂时存放在 CPU 内部的寄存器中，但寄存器的容量太小，有些数据必须存放在内存中，由于 CPU 的速度越来越快，但 RAM 的速度受到制造技术的限制无法与 CPU 的速度同步，因而经常导致 CPU 不得不降低自己的速度来适应 RAM。为了协调 CPU 与内存之间的速度，因此在 CPU 内集成了一个比内存小而速度快的存储器，称为高速缓冲存储器（见图 1-10）。

图 1-10　CPU 高速缓冲存储器

CPU 内的高速缓存有多个级别，一级最靠近 CPU 处理核心，速度最快，容量最小；二级比一级速度稍慢，容量稍低；三级则是高速缓存中速度最慢，容量最大的。

外存主要用于存放计算机当前暂时不用的程序、数据或需要永久保持的信息。外存中的数据不能直接与 CPU 进行数据交换，必须将外存中的数据读到内存才可以和 CPU 进行数据的交换。与内存相比，外存的速度相对较慢，容量大，价格低。外存属于计算机的外部设备，主要有硬盘、光盘、优盘、移动硬盘等。

硬盘驱动器（Hard Disk Driver，HDD）简称硬盘，是计算机中最常使用的外部存储设备。常见的硬盘分为传统机械硬盘（见图 1-11）和固态硬盘（见图 1-12）。传统硬盘的存储介质是若干个钢性磁盘片，硬盘容量从几百个 GB 到几个 TB 都有。

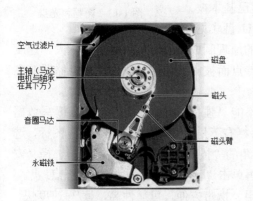

空气过滤片
主轴（马达
电机与轴承
在其下方）
音圈马达
永磁铁
磁盘
磁头
磁头臂

图 1-11　机械硬盘

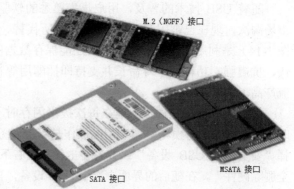

M.2（NGFF）接口
SATA 接口
MSATA 接口

图 1-12　固态硬盘

机械硬盘根据接口的不同又分为 IDE 接口硬盘（也称为 PATA 接口硬盘）、SAS 接口硬盘和 SATA 接口硬盘。IDE 接口硬盘即传统的并口硬盘，数据线使用灰色的较宽排线，目前基本被淘汰；SATA 是目前比较流行的串口硬盘，速度比 IDE 硬盘要快；SAS 接口硬盘速度快，一般用于服务器，支持热插拔，功能性能都比较好，价格也比较昂贵。

机械硬盘由读/写磁头、磁盘盘片组、定位机构和传动系统等部分组成。硬盘的密封一定要可靠，基本处于真空状态，在非专业条件下绝对不能开启硬盘密封腔。另外，硬盘最重要的是防震，硬盘工作时千万不要有冲击碰撞，搬动时要小心轻放。

固态硬盘（Solid State Disk，SSD）是用固态电子存储芯片阵列而制成的，由控制单元和存储单元组成。固态硬盘有传统 2.5 英式式和芯片式，接口则有多种形式，包括传统 SATA 接口、mSATA 接口、M.2 接口等。固态硬盘的读写速度比机械硬盘要快，但在读写次数和容量方面则比机械硬盘稍差一些。由于价格及存储空间与机械硬盘有差距，当前固态硬盘仍无法完全取代传统的机械硬盘。除此以外，固态硬盘数据损坏后是难以修复的。当负责存储数据的闪存颗粒有毁损时，现在的数据修复技术不可能在损坏的芯片中救回数据，相反传统机械硬盘还能通过数据恢复技术挽回许多数据。固态硬盘的另一个重要问题是掉速，固态硬盘的速度会随着写入次数而降低，若固态硬盘接近装满时速度也会下降；原因包括耗损平均技术的副作用、控制芯片及固件的优劣等。

光盘（Compact Disk，CD）是利用激光原理进行读/写的外存储器，它是通过光学方式来记录和读取二进制信息的。光盘分为两类，一类是只读型光盘，如 CD-ROM、DVD-ROM 等；另一类是可读写型光盘，如 CD-R（可写光盘）、CD-RW（可重写光盘）、DVD-R/RW、蓝光 DVD 等，目前比蓝光 DVD 更新的产品是全息存储光盘，1 张全息存储光盘可以存储 100 张 DVD。

光盘的驱动和读写是通过光盘驱动器（简称光驱）来实现的（见图 1-13），CD-ROM 光驱、DVD 光驱、DVD 刻录机已经成为微机的常用配置。目前流行的光驱是兼有三种功能（即 CD 光盘、DVD 光盘和刻录光盘）的新型三合一驱动器。而现在的笔记本为了减轻自身重量，以及在机身上去除了光驱这个设备，改为使用 USB 接口连接的外置型光驱。

图 1-13　光驱和光盘

随着 USB 技术的普及，用户早先熟悉的软驱已基本被市场淘汰，现在已被闪存（俗称 U 盘）所代替。U 盘（见图 1-14）是利用闪存技术在断电后还能保存数据的原理制成，具有体积小、容量大、速度快、抗震强、功耗低、寿命长并支持即插即用等特点而被广泛使用，成为移动存储器的主流产品。

尽管闪存支持热插拔，但在每次拔出闪存时不能"强行"进行，更不能还在读写数据时进行，这样容易损坏 U 盘，正确操作是双击任务栏右下角的"拔下或弹出硬件"图标，选择"安全删除 USB 设备"；或者右击任务栏右下角的"拔下或弹出硬件"图标，选择"安全删除硬件"，在随后的界面中选中 USB 设备，再单击"停止"按钮，才可以拔出 U 盘。

移动硬盘（见图 1-15）由于具有容量大，使用、携带方便，可靠性高，读/写速度快，和 U 盘一样支持热插拔等特点，因此受到广大用户的青睐。移动硬盘每次使用完毕后，需要像 U 盘一样先将其移除（又称"删除硬件"），然后再拔出数据线。

图 1-14　U 盘

图 1-15　移动硬盘

输入设备是将外部信息利用各种方法输入计算机，并将信息转化为计算机能接收并处理的二进制数的设备。常用的输入设备主要有键盘、鼠标、扫描仪、光笔、触摸屏、手写板、数码相机、条形阅读机和磁卡读入机等。键盘和鼠标是计算机最基本、最重要的输入设备。

键盘（见图 1-16）是向计算机发布命令和输入数据的重要输入设备，担负着人机交互的重要任务。如今触摸屏的使用越来越广泛，但在文字输入领域，键盘依旧有着不可动摇的地位。作为重要的输入工具，键盘并不因循守旧，为了顺应潮流，向着多功能和人体工程学方向不断研发，凭借实用和舒适等特性，键盘依旧是输入设备的一个重要部分。从连接方式进行分类，键盘可以分为有线键盘和无线键盘。有线键盘主要通过 USB 或者 PS/2 接口与计算机主板进行连接；无线键盘主要通过蓝牙或者 2.4 GHz 射频技术与计算机进行连接。从内部结构进行分类，键盘可以分为薄膜键盘、机械键盘和静电电容键盘。薄膜键盘是近年来国际流行的一种集装饰性与功能性为一体的键盘设计方式。薄膜键盘由面板、上电路、隔离层、下电路四部分组成。薄膜键盘外形美观、新颖，体积小、重量轻，密封性强，具有防潮、防尘、防油污、耐酸碱、抗震及使用寿命长等特点，是目前应用范围最广，使用人群较多的键盘。机械键盘是另外一种键盘的类型，从结构来说，机械键盘的每一颗按键都有一个单独的开关来控制闭合，这个开关也被称为"轴"，依照微动开关的分类，机械键盘可分为传统的茶轴、青轴、白轴、黑轴、红轴以及光轴。正是由于每一个按键都由一个独立的微动组成，因此按键段落感较强，从而产生良好的手感，键盘使用者手部不会产生疲倦。另外，机械键盘与薄膜键盘对比，机械键盘每一个轴体对应一个独立的开关，而在传统的薄膜键盘上，键盘上的键的信号不是每个键都有一根线传递信号的，而是几个键共用一根信号线。因此这几个共用着同一根线的按键一起按下，就会导致按键冲突。如果使用机械键盘，则不会有这种情况出现。静电电容键盘是利用电容容量的变化来判断按键的开和关，在按下按键后，开关中电容容量发生改变，从而实现触发，整个过程不需要开关的闭合。正是由于无物理接触点就可以实现敲击，因而磨损更小，使用寿命更长。由于价格较高，使用人群较少，静电电容键盘一般作为高端游戏设备出现在市场上。

随着 Windows 操作系统的发展和普及，鼠标（见图 1-17）已成为计算机必备的标准输入设备。鼠标因其外形像一只老鼠而得名，其工作原理是利用自身的移动，把移动距离及方向的信息变成脉冲传送给计算机，再由计算机把脉冲转换成指针的坐标数据，从而达到指示位置的目的。

图 1-16　键盘

图 1-17　鼠标

从鼠标的连接方式上分类，鼠标可以分为有线鼠标和无线鼠标。有线鼠标主要通过 USB 接口与计算机主板连接；无线鼠标主要通过蓝牙或者 2.4 GHz 射频技术与计算机连接。

输出设备是将计算机中的数据信息转换成人们所需要的表示形式并输出到外部媒介中，常用的输出设备有显示器、打印机、绘图仪、投影仪和音箱等。

显示器又称监视器（Monitor），是计算机系统中最基本的输出设备。按显示屏种类来分，可分为 CRT（Cathode Ray Tube）阴极显示管显示器（见图 1-18）、LCD（Liquid Crystal Display）液晶显示器以及 LED（Light-Emitting Diode）液晶显示器（见图 1-19）。目前，LED 显示器是市场的主流。

图 1-18　CRT 显示器　　　　　　　　图 1-19　液晶显示器

显示器的主要技术参数有显示器尺寸、分辨率等。显示器尺寸一般指的是显示器对角线的尺寸，以英寸为单位。现在常用的显示器有 22 寸、24 寸和 27 寸。分辨率一般用整个屏幕上光栅的列数与行数的乘积来表示，如 1920×1080，表示每屏有 1080 行扫描行，每行有 1920 个像素点。对于相同尺寸的屏幕，分辨率越高，所显示的字符或图像就越清晰。

打印机是将计算机的处理结果打印在纸上的常用输出设备。打印机有针式打印机、喷墨打印机和激光打印机。打印机的主要技术指标是分辨率和打印速度。分辨率一般用每英寸打印的点数（dpi）来表示。分辨率的高低决定了打印机的印字质量。针式打印机（见图 1-20）的分辨率通常为 180 dpi，喷墨打印机和激光打印机的分辨率一般都超过 600 dpi。打印速度一般用每分钟能打印的纸张页数（ppm）来表示。

针式打印机，是用一组小针来产生精确的点，依靠这些点的矩阵组合而成更大的影像。针式打印机不但可以打印文本，还可以打印图形，但是打印图像的质量通常要低于纯文本的打印。在喷墨打印机（见图 1-21）普及后，针式打印机只剩下发票等须使用复写纸打印的文件单据等使用。

图 1-20　针式打印机　　　　　　　　图 1-21　喷墨打印机

喷墨打印机是通过把数量众多的微小墨滴精确喷射在要打印的媒介上，最终形成完整的打印影像。对于照片打印机来说，喷墨方式是绝对主流。由于喷墨打印机可以不仅局限于 3 种颜色的墨水，现在已有六色甚至七色墨盒的喷墨打印机，其颜色范围早已超出了传统 CMYK 的局限，也超过了四色印刷的效果，印出来的照片已经可以媲美传统冲洗的相片，甚至有防水特性的墨水上市。

激光打印机（见图 1-22）是利用光栅图像处理器产生要打印页面的位图，然后将其转换为电信号等一系列的脉冲送往激光发射器，在这一系列脉冲的控制下，激光被有规律地放出。与此同时，反射光束被接收的感光鼓（硒鼓）所感光，当纸张经过感光鼓时，鼓上的着色剂就会转移到纸上，印成了页面的位图。虽然激光打印机的价格要比喷墨打印机昂贵得多，但从单页的打印成本上讲，激光打印机则要便宜很多。

图 1-22　激光打印机

1.1.6　计算机的软件系统

系统软件是为计算机提供管理、控制、维护和服务等功能，充分发挥计算机效能，并方便用户使用计算机的软件，如操作系统、语言处理程序、数据库管理系统和工具软件等。没有安装软件系统的计算机称为"裸机"，无法完成任何工作。计算机的软件系统可以分为系统软件和应用软件两大类。

1. 操作系统

操作系统（Operating System，OS）是最基本、最核心的系统软件，任何软件都必须在操作系统的支持下才能运行。操作系统的功能是管理计算机的硬件和软件资源，并提供用户和计算机的接口，为用户提供一个使用计算机的工作环境。常用的操作系统有 Windows、Linux 和 UNIX 等。不同操作系统的结构和形式存在很大差别，但一般有处理机管理（进程管理）、作业管理、文件管理、存储管理和设备管理五大基本功能。

操作系统可分为单用户单任务操作系统，如 DOS（Disk Operating System）；单用户多任务操作系统，如 Windows 7/Windows 10 操作系统；多用户多任务系统，如 UNIX、Linux；网络操作系统，如 Windows NT、Netware、Linux 和 UNIX 等；实时操作系统；分布式操作系统。

2. 语言处理程序

计算机要解决实际问题，必须使用计算机语言来编写程序。计算机语言可分为机器语言、汇编语言和高级语言等。

机器语言是指机器能直接识别并执行的语言，它是由 1 和 0 组成的一组代码指令。例如，01001001，作为机器语言指令，表示将某两个数相加。由于机器语言比较难记，所以基本上不能用来编写程序。

汇编语言是由一组与机器语言指令一一对应的符号指令和简单语法组成的。例如，"ADD A,B"表示将 A 与 B 相加后存入 A 中。汇编语言程序要由一种"翻译"程序来将它翻译为机器语言程序，这种翻译程序称为汇编程序。汇编语言和计算机的底层硬件有关，因此可移植性比较差，通常也把汇编语言称为低级语言。

高级语言比较接近日常用语，对机器依赖性低，是适用于各种机器的计算机语言，因此高级语言的可移植性好，如 Basic 语言、Fortran 语言、C 语言和 Java 语言等。高级语言必须通过"编译程序"编译或"解释程序"解释成机器语言计算机才能执行。编译程序是将源程序一次性翻译成计算机语言程序再执行的，而解释程序则是翻译一条语句执行一条。

应用软件是为解决某个应用领域中的实际问题用高级语言编写出来的具有特定功能的软件，如科学计算软件、财务管理软件、数据处理软件、辅助设计软件、文字处理软件和情报检索软件等。常用的应用软件包括定制软件（针对具体应用而定制的软件，如售票系统）、应用程序包（如通用财务管理软件包）、通用软件（如文字处理软件、电子表格处理软件和网页制作软件等）3 种类型。

1.1.7 计算机的工作原理

计算机的工作过程实际上就是快速地执行指令的过程，认识指令的执行过程有利于了解计算机的工作原理。

1. 计算机指令系统

指令是指能被计算机识别并执行的命令。所有指令的集合就构成了指令系统。指令系统中的每条指令都规定了计算机要完成的一种基本操作。计算机的本能就是识别并执行其自身指令系统中的每条指令。

指令是以二进制代码形式来表示的，由操作码和操作数（地址码）组成。操作码是告诉计算机要执行什么样的操作，而地址码是告诉计算机从内存中的哪个地址单元中去取操作数。

计算机执行指令一般分为以下 4 个步骤。

步骤 1： 取指令。控制器根据程序计数器的内容（存放指令的内存单元地址），从内存中取出指令送到 CPU 的指令寄存器。

步骤 2： 分析指令。控制器对指令寄存器中的指令进行分析和译码。

步骤 3： 执行指令。根据分析和译码的结果，判断该指令要完成的操作，然后按照一定的时间顺序向各部件发出完成操作的控制信号，完成该指令的功能。

步骤 4： 一条指令执行后，程序计数器加 1 或转移地址码送入程序计数器，然后回到步骤 1，进入下一条指令的取指令阶段。

2. 计算机执行程序的过程

程序是为解决某一问题而编写的指令序列。计算机能直接执行的是机器指令，用高级语言或汇编语言编写的程序必须先翻译成机器语言，然后 CPU 从内存中取出一条指令到 CPU 中执行，指令执行完后，再从内存取出下一条指令到 CPU 中执行，直到完成全部指令为止。CPU 不断地取指令、分析指令并执行指令，这就是程序的执行过程。

计算机处理任务的基本原理（见图 1-23）及过程如下。

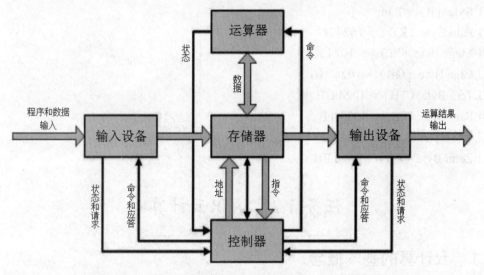

图 1-23　计算机工作原理

（1）将预先编写好的程序和运算处理中所需要的数据，在控制器的控制下通过输入设备送到计算机的内存储器中（或将外存储器中的数据读到内存储器中），如果需要长久保存的程序和数据也在控制器的控制下送到外存储器中保存，这个过程称为存储程序。

（2）控制器根据程序计数器的内容，从内存储器中逐条读取程序中的指令，并按照每条指令的要求执行所规定的操作。

（3）如果要执行某种运算，则在控制器的控制下，按指令中包含的地址从内存储器中取出数据，送往运算器进行运算，然后再在控制器的控制下按地址把结果送往内存储器中保存。

（4）如果需要将处理结果长久保存或将处理结果通过外部设备输出，则在控制器的控制下将内存储器中的数据保存到外存储器中或通过输出设备输出。

1.1.8　计算机存储单位

在计算机世界里，字节（Byte）是表示信息含义的最小单位，通常情况下一个 ACSII 码就是一个字节的空间来存放。而事实上计算机里还有比字节更小的单位，因为一个字节是由 8 个二进制位组成的，换一句话说，每个二进制位所占的空间才是计算机中最小的单位，我们把它称为位，也称比特（bit）。由此可见，一个字节等于 8 个位。人们之所以把字节称为计算机中表示信息含义的最小单位，是因为一个位并不能表示我们现实生活中的一个相对完整的信息。

那为什么计算机需要采用二进制？它们之间的转换关系又是如何呢？

计算机内部的电路工作有高电平和低电平两种状态，让它们计算单位，只有 2 的整数幂时才能非常方便计算机计算，所以就用二进制来表示信号，以便计算机识别。

计算机存储单位一般用 bit、B、KB、MB、GB、TB、PB、EB……来表示，它们之间的换算进率是 2 的 10 次幂，即 2^{10}=1024，具体换算关系如下：

1 Byte（B）= 8 bit

1 Kilo Byte（KB）= 1024 B

1 Mega Byte（MB）= 1024 KB

1 Giga Byte（GB）= 1024 MB

1 Tera Byte（TB）= 1024 GB

1 Peta Byte（PB）= 1024 TB

1 Exa Byte（EB）= 1024 PB

1 Zetta Byte（ZB）= 1024 EB

任务 1.2　认识云计算

1.2.1　云计算的基本概念

云计算的基本概念（见图 1-24），是用户透过传统计算机或者移动设备上的应用程序来访问由多台服务器所组成的庞大计算机系统。用户可以透过网络将需求或者数据提交给云计算机系统，系统会自动将计算进程分拆成无数个较小的子程序，得出运算结果后将处理结果返回给用户。通过这项技术，云计算服务供应商可以在极短的时间内，处理数以亿计的信息进程，这样可以让用户能够更迅速地部署应用程序，并降低管理的复杂度及维护成本。

图 1-24　云计算的概念

截至目前，大部分的云计算基础构架都是通过创建在服务器组群上的多层次虚拟化技术以及可信赖的数据服务组成的。用户可以在任何有提供网络基础设施的地方使用云计算服务。

那为什么会起名"云计算"？因为互联网上的云计算服务和自然界的云、水循环的特征具有一定的相似性，因此，起名为"云计算"是一个比较形象的比喻。根据美国国家标准和技术研究院的定义，"云计算"应该具备以下几条特征。

（1）随需应变自助服务。

（2）随时随地用任何网络设备访问。

（3）多人共享资源池。

（4）快速重新部署灵活度。

（5）可被监控与量测的服务。

1.2.2　云计算的分类

根据云计算不同的使用方式，可以分成公有云、私有云、社群云和混合云。

1. 公有云（Public Cloud）

顾名思义，公有云服务可以透过网络，将云计算服务开放给客户使用。但"公有"这个词并不一定代表"免费"，云计算服务经常都伴有收费成分；同时，"公有"并不表示数据可以提供给网络上的任何人查看，公用云服务供应商通常会对用户实施使用访问控制机制，只有通过身份认证的用户才有权限使用对应的服务。这使得云计算服务在安全性上能够符合用户的需求。公有云的开放特性既有能够照顾大部分用户需求，又具备成本效益，是目前云计算中比较强而有力的解决方案。

2. 私有云（Private Cloud）

与公有云相对应的是私有云。私有云具备许多公有云的优点，例如弹性需求、提供多种服务等，而两者差别在于私有云服务中，数据与程序都在用户内部的服务器群组中，这就使得云计算服务不会受到网络环境、安全认证和法规限制等因素影响；但与此同时，服务器群组的设备费用和维护费用会使得私有云使用成本有所增加。

3. 社群云（Community Cloud）

社群云由几个利益相仿的组织共享云端基础设施、掌控数据及使用云计算服务，例如具有特定安全要求和共同技术发展目标的企业或者社团。这样的云计算服务在一个相对封闭的群体内运行，社群成员内的多个组织可以共同使用云数据及应用程序，在保证了数据不会外泄的同时也达到了跨组织合作的要求。

4. 混合云（Hybrid Cloud）

混合云融合了公有云和私有云的优势，是近年来云计算的主要模式和发展方向。这个模式中，用户可以将企业中非关键信息外包，并在公有云上存储和处理，同时将企业的关键业务及核心数据放在安全性能更高的私有云上处理。这种模式可以比较有效地降低企业使用私有云服务的成本，同时达到增强安全性的目的。

1.2.3　云计算的服务模式

在美国国家标准和技术研究院的云计算定义中明确提出了 3 种服务模式（见图 1-25）。

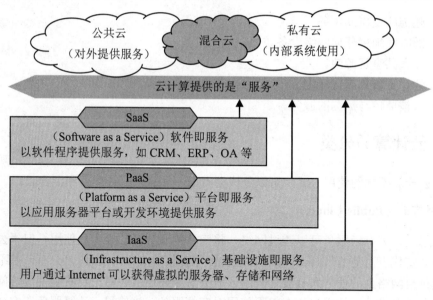

图 1-25 云计算提供的服务

1. 软件即服务（Software-as-a-Service，SaaS）

用户可以租用云计算平台上的某一个软件应用程序，但并没有权限使用该平台上的硬件设备、操作系统和环境设置。这是一种最基础的云计算外租服务，供应商以租赁的形式为企业或者其他用户提供一组账号密码，用户可以登录基于 Web 技术的软件应用程序，即可以对程序进行管理和使用。

2. 平台即服务（Platform-as-a-Service，PaaS）

用户可以拥有云计算平台一部分的掌控权，可以自行设置应用程序的部署环境，但并没有权限使用该平台上的硬件设备、操作系统和云平台底层架构。这样的云平台服务通常是给用户自行搭建应用程序基础架构，然后部署用户自己的软件程序。

3. 基础设施即服务（Infrastructure-as-a-Service，IaaS）

用户拥有权限配置云平台基础资源，比如云平台存储空间、网络组件或中间件、操作系统等，但并不能配置云平台底层架构。这样的云平台服务通常是给用户提供完整的云服务器业务功能。

1.2.4 云计算的发展及应用场景

其实早在互联网开始应用之前，计算机领域专家约翰·麦卡锡就已经意识到，计算机的数据依靠电力来运算和传输，从理论上讲，就和日常使用的电力是一样的。生活用电可以在发电厂中生产，那么计算机数据也可以通过大规模的运算中心处理，并通过网络传输到各地。而且就运营成本而言，这种集中式的处理会比分散的处理更有效率，更方便管理。这就是关于云计算最初的想法。

2007 年 10 月，Google 公司与 IBM 公司开始在美国众多的大学校园里，推广云计算的项目。希望利用云计算服务降低分布式计算技术在学术研究方面的成本，并为这些大学提供相关的软硬件设备及技术支持，而大学生则可以申请相关资助，以用于开发各项以云计算为基础的研究项目。

到了 21 世纪 10 年代，云计算作为一个新的技术得到了快速的发展。云计算已经彻底改变了一个前所未有的工作方式，也改变了传统软件工程企业。以下几个方面可以说是云计算现阶段发展最受关注的几大方面。

1. 云教育

教育在云技术平台上的开发和应用，被称为"云教育"。云教育从信息技术的应用方面打破了传统教育的垄断和固有边界。通过教育走向信息化，使教育的不同参与者——教师、学生、家长、教育部门等在云技术平台上进行教育、教学、沟通。同时可以通过视频云计算的应用对学校特色教育课程进行直播和录播，并将信息储存至流媒体存储服务器上，便于长时间和多渠道享受教育成果。

2. 云存储

云存储是云计算的一个新的发展浪潮。云存储不是某一个具体的存储设备，而是互联网中大量的存储设备通过应用软件共同作用协同发展，进而带来的数据访问服务。云计算系统要运算和处理海量数据，为支持云计算系统需要配置大量的存储设备，这样云技术系统就自动转化为云存储系统。故而，云存储是云计算概念的延伸。

3. 云社交

云社交是一种虚拟社交应用。它以资源分享作为主要目标，将物联网、云计算和移动互联网相结合，通过其交互作用创造新型社交方式。云社交把社会资源进行测试、分类和集成，并向有需求的用户提供相应的服务。用户流量越大，资源集成越多，云社交的价值就越大。

4. 云安全

云安全是云计算在互联网安全领域的应用。云安全融合了并行处理、网络技术、未知病毒等新兴技术，通过分布在各领域的客户端对互联网中存在异常的情况进行监测，获取最新病毒程序信息，将信息发送至服务端进行处理并推送最便捷的解决建议。通过云计算技术使整个互联网变成了终极安全卫士。

5. 云政务

云计算应用于政府部门中，为政府部门降低成本提高效率做出贡献。由于云计算具有集约、共享、高效的特点，所以其应用将为政府部门降低 20%～80% 的成本。所以在电子商务延伸至电子政务的背景下，各国政府部门都在着力进行电子政务改革，研究云计算普遍应用的可能性。伴随政府改革的进行，政府部门也开始从自建平台到购买电信运营商的服务，这将为促进云计算的进一步发展并为电信运营商带来商机。

任务 1.3　认识大数据

1.3.1　大数据的概念

随着"大数据"这个名词被越来越多地提及，很多人惊呼大数据时代已经到来了。其实在 2012 年《纽约时报》的一篇专栏中就已经提到"大数据"时代已经降临。在商业、经济等领域中，以往人们经常都是基于经验和直觉为企业运营做出决策，而现在越来越多的企业则选择基于过往数据和分析。那究竟什么是大数据？我们如何利用大数据？

大数据（Big data），又称为巨量资料，指的是传统数据管理软件无法对其内容进行抓取、管理和处理的数据集合。大数据也可以定义为各种来源的大量非结构化或结构化的数据集合。随着近几年信息技术的不断进步，发布新数据越来越便捷，全球大多数企业对数据的透明度越来越高，这使得大数据可以记录和跟踪事物发展的这个特点被逐步放大，大数据分析也在现代研究中越来越突出。

1.3.2　大数据的处理技术

1. 采集

大数据的采集是指利用多个数据库来接收发自客户端（传统网页、移动 App 或者传感器等）的数据，并且利用这些数据库来进行简单的查询和处理等工作。比如，电子商务运营商会使用关系型数据库来存储每一个用户、每一笔交易的数据。

在大数据的采集过程中，其主要特点和挑战是并发访问数高、瞬间数据量极大。因为随着互联网在社会上的深度应用，某些业务有可能会有成千上万的用户同时进行访问和操作。比如火车票售票网站和电子商务网站，它们并发的访问量在峰值时达到上百万，所以需要在数据采集时部署大量数据库才足以支撑庞大的访问量，同时还要设计这些数据库之间如何进行负载均衡和分片。

2. 导入

虽然采集端本身会有很多数据库，但是如果要对这些海量数据进行有效分析，最终还是要把这些前端采集的数据导入一个集中的大型分布式数据库中，并且可以在导入基础上做一些简单的筛选和预处理工作。

导入过程的特点和挑战主要是导入的数据量极大，每秒钟的导入量经常会达到百兆甚至千兆级别。

3. 统计和分析

统计和分析主要利用分布式数据库或者分布式计算集群来对海量数据中指定的关键字进行分析和分类汇总等。这样的数据统计和分析可以满足企业中常用的分析需求。

统计和分析这部分的主要特点和挑战是分析涉及的数据量大，尤其是会占用非常多的系统资源。

4. 挖掘

与前面统计和分析过程不同的是，数据挖掘一般没有预先设定好对应的关键字，而是在现有数据上面进行基于各种算法的计算，从而起到预测事物后续发展动向的效果。

数据挖掘过程的特点和挑战主要是用于挖掘的算法很复杂，并且计算涉及的数据量和计算量都很大，常用数据挖掘算法都以单线程为主。

综上所述，整个大数据处理的普遍流程至少应该满足这四个方面的步骤，才能算得上是一个比较完整的大数据处理。

1.3.3　大数据对时代发展的作用

大数据的处理分析正成为新一代信息技术融合应用的结点。移动互联网、物联网、社交网络、电子商务等新一代信息应用平台不断产生庞大的用户数据，大数据可以利用存储和运算平台，通过大数据技术，对不同来源数据进行管理、处理、分析与优化，并将结果反馈到上述应用中，加速信息应用平台的发展，同时创造出巨大的经济和社会价值。

大数据是信息产业持续高速增长的新引擎。目前，社会上针对大数据市场的新技术、新产品、新服务、新业态不断涌现。在硬件与集成设备领域，大数据对处理芯片、存储产业产生重要影响，还催生出一体化数据存储处理服务器等市场。而在软件与服务领域，大数据则引发了数据快速处理分析、数据挖掘技术等软件产品的发展。

大数据应用将成为提高核心竞争力的关键因素。除了商业和金融领域，其他的行业决策也正在从"业务驱动"转变为"数据驱动"。大数据的统计和分析可以使零售型企业实时掌握市场动态并迅速做出反应，可以为外销型企业制定更加精准有效的营销策略提供决策支持，可以帮助服务型企业为消费者提供更加及时和个性化的服务；在医疗领域，可提高诊断准确性和药物有效性；在公共事业领域，大数据也开始发挥促进经济发展、维护社会稳定等方面的重要作用。

大数据应用使科学研究的方法手段将发生重大改变。以往，抽样调查是社会科学的基本研究方法，原因是抽样调查可以有效控制数据规模及处理成本，从而得出大致的调查结果。但在大数据时代，可以通过实时监测、跟踪研究对象在互联网上产生的行为数据，进行挖掘分析，揭示出规律性的发展，提出更为细致、准确的研究结论和对策。

1.3.4　大数据的具体应用

大数据在社会上的应用是无所不在的，如通信行业、信息产业、工业、零售业、农业的应用场景都非常丰富。根据中国信息通信研究院的调查显示，大数据应用水平较高的行业主要集中分布在电信、金融、政务、交通和医疗 5 大行业领域。

1. 电信领域

众所周知，电信行业掌握着体量巨大的数据资源，单个运营商其手机用户每天产生的通话记录、上网日志等数据就可达到 PB 级的数据规模。电信行业利用 IT 技术采集数据改善网络运营、提供客户服务已有数十年的历史，而传统处理技术下运营商实际上只能用到其中不足 1% 的数据资源。大数据的快速发展对于电信运营商而言，意味着便捷的大数据技术可以有效提升其传统的数据处理能力，聚合更多的数据提升其洞察能力。

2. 金融领域

金融行业是除了电信领域之外又一个大数据重点应用领域，大数据在金融三大业务——银行、保险和证券中均具有较为广阔的应用前景。

金融行业的主要业务应用包括企业内外部的风险管理、信用评估、借贷、保险、理财、证券分析等，都可以通过获取、关联和分析更多维度、更深层次的数据，并通过不断发展的大数据处理技术得以更好、更快、更准确地实现，从而使得原来前景不明的信贷担保、风险保障以及行情预测实现真实有效的预判。

典型的例子便是淘宝网的"阿里小贷"。依托阿里巴巴、淘宝、支付宝等平台数据，海量的交易数据在阿里的平台上运行，阿里通过对商户最近 100 大的数据分析，准确把握商户可能存在的资金问题。

3. 政务领域

大数据政务应用已经逐渐获得世界各国政府的日益重视。我国政府也非常重视利用大数据提升国家治理能力。2015 年，《国务院关于印发促进大数据发展行动纲要的通知》提出"大数据成为提升政府治理能力的新途径"，要"打造精准治理、多方协作的社会治理新模式"。

大数据有助于提升政府提供的公共产品和服务。大数据平台可以实现政务数据共享互通，实现政务服务一号认证（身份认证号）、一窗申请（政务服务大厅）、一网办事（联网办事），大大简化办事手续。另一方面，通过建设医疗、社保、教育、交通等民生事业大数据平台，有助于提升民生服务，同时引导鼓励企业和社会机构开展创新应用研究，深入发掘公共服务数据，有助于激发社会活力、促进大数据应用市场化服务。

大数据超越了传统行政思维模式，推动政府从"经验治理"转向"科学治理"。随着国家大数据战略渐次明细，各方实践逐步展开，大数据在政府领域的应用将迎来高速发展。

4. 交通领域

交通领域也是当前大数据应用较为成熟和效果十分显著的领域。在交通领域，数据主要包括各类交通运行监控、服务和应用数据，如公路视频监控数据，城市和高速公路等流量数据，城市公交、出租车和客运车辆卫星定位数据等，这些交通数据类型繁多，而且体积巨大。此外，交通领域的数据采集和应用服务均对实时性要求较高。以往的传统数据处理方式难以全面应付和实时处理这些数据，因此大数据技术在交通运行管理优化、面向车辆和出行者的智能化服务，以及交通应急和安全保障等方面都有着重大的应用意义。

5. 医疗领域

医疗卫生领域每年都会产生海量的数据，一般的医疗机构每年会产生 1 TB～20 TB 的相关数据，个别大规模医院的年医疗数据甚至达到了 PB 级别。从数据种类上来看，医疗机构的数据不仅涉及服务结算数据和行政管理数据，还涉及大量复杂的门诊数据，包括门诊记录、住院记录、影像学记录、用药记录、手术记录、医保数据等，作为医疗患者的医疗档案，颗粒度极为细致。所以医疗数据无论从体量还是种类上来说都符合大数据特征，基于这些数据，可以有效辅助临床决策有效支撑临床方案。同时通过对疾病的流行病学分析，还可以对疾病危险进行分析和预警。临床中遇到的疑难杂症，有时即便专家也缺乏经验，做出正确的诊断和治疗更加困难。临床决策支持系统可以通过海量文献的学习和不断的错误修正，给出最适宜诊断和最佳治疗。大数据分析技术将使临床决策支持系统更智能，这得益于对非结构化数据的分析能力的日益加强。

任务 1.4　认识物联网

1.4.1　物联网的定义及发展

物联网（The Internet of Things）这个概念最早是在 20 世纪 90 年代提出的，起初的想法很简单：把所有物品通过射频识别等信息传感设备与互联网连接起来，实现智能化识别和管理。后来随着信息技术的发展，物联网通过智能感知、识别技术与普通计算机、通信网络实现了信息融合并被广泛应用，因此被称为继计算机、互联网之后世界信息产业发展的第三次浪潮。物联网被视为互联网的应用拓展，以用户体验为核心的创新是物联网发展的灵魂。

物联网是设备或物品之间通过射频识别（RFID）、红外感应器、全球定位系统、激光扫描器等信息传感设备，按约定的协议，利用互联网、传统电信网等信息承载体，进行信息交换和通信，以实现智能化识别、定位、追踪、监控和管理，让所有能行使独立功能的普通物体实现互联互通的网络。

实际上，物联网概念起源于比尔·盖茨 1995 年《未来之路》一书，在《未来之路》中，比尔·盖茨已经提及物联网概念，只是当时受限于无线网络、硬件及传感设备的发展，并未引起重视。

1999 年，我国就已经启动了物联网核心传感网技术研究，研发水平处于世界前列。

随着信息技术不断进步，国际电信联盟于 2005 年正式提出物联网概念，并在信息社会世界峰会上，发布了《ITU 互联网报告 2005：物联网》，预示着"物联网"通信时代即将来临。

2009 年 8 月，时任总理温家宝提出"感知中国"，物联网被正式列为国家五大新兴战略性产业之一，写入"政府工作报告"。物联网在中国受到了全社会极大的关注，其受关注程度是美国、欧盟，以及其他国家不可比拟的。

2010 年，IBM 首席执行官彭明盛提出"智慧地球"构想，其中物联网成为"智慧地球"不可或缺的一部分，而奥巴马在就职演讲后对"智慧地球"构想提出积极回应，并提升到国家级发展战略。

2011 年，物联网进入我国"十二五"规划，物联网专项资金管理暂行办法出台。

2015 年，我国进入物联网生态系统高速发展阶段，物联网市场规模约 7500 亿元；2016 年则达到 9350 亿元左右；2017 年我国物联网行业规模达到了 11200 亿元。

1.4.2 物联网的特征及体系结构

简单来说，物联网是物与物、人与物之间的信息传递与控制。在物联网应用中有 3 个重要的特征。

（1）全面感知，即利用 RFID、传感器、二维码等随时随地获取物体的信息。

（2）可靠传递，通过各种电信网络与互联网的融合，将物体的信息实时准确地传递出去。

（3）智能处理，利用云计算、模糊识别等各种智能计算技术，对海量的数据和信息进行分析和处理，对物体实施智能化的控制。

目前，物联网还没有一个被广泛认同的体系结构，但是，我们可以根据物联网对信息感知、传输、处理的过程将其划分为 3 层结构，即感知层、网络层和应用层。

- ➤ **感知层**：主要用于对物理世界中的各类物理量、标识、音频、视频等数据的采集与感知。数据采集主要涉及传感器、RFID、二维码等技术。

- ➤ **网络层**：主要用于实现更广泛、更快速的网络互连，从而把感知到的数据信息可靠、安全地进行传送。目前能够用于物联网的通信网络主要有互联网、无线通信网、卫星通信网与有线电视网。

- ➤ **应用层**：主要包含应用支撑平台和应用服务。应用支撑平台用于支撑跨行业、跨应用、跨系统之间的信息协同、共享和互通。应用服务包括智能交通、智能家居、智能物流、智能医疗、智能电力、数字环保、数字农业、数字林业等领域。

1.4.3 物联网的应用场景

1. 物联网在农业中的应用

（1）农业标准化生产监测：将农业生产中最关键的温度、湿度、二氧化碳含量、土壤温度、土壤含水率等数据信息实时利用各种传感器采集到系统中，形成数字化的有效数值，实时掌握农业生产的各种数据。

（2）动物养殖检测：利用物联网技术实现养殖过程监控，达到动物养殖、防疫、检疫和监督的有效结合，对动物疫情和动物产品的安全事件进行快速、准确的溯源和处理。

2. 物联网在工业中的应用

（1）电梯管理系统：通过安装在电梯外围的传感器采集电梯正常运行、故障、停电等数据，并经无线传输模块将数据传送到物联网的电梯管理平台。

（2）配电设备监控系统：基于移动通信网络，实现所有供电点及受电点的电力电量信息、电流电压信息、供电质量信息及现场计量装置状态信息实时采集。

（3）一卡通业务：基于 RFID 技术，大中小型企事业单位的门禁、考勤及消费管理系统；校园一卡通及学生信息管理系统等。

3. 物联网在服务产业中的应用

（1）个人健康管理：人身上可以安装不同的传感器，对人的健康参数进行监控，并且实时传送到相关的医疗保健中心，如果有异常，保健中心通过手机提醒体检。

（2）智能家居：以计算机技术和网络技术为基础，包括各类消费电子产品、通信产品、信息家电及智能家居等，完成家电控制和家庭安防功能。

（3）智能物流：通过 5G 网络提供的数据传输通路，实现物流车载终端与物流公司调度中心的通信，实现远程车辆调度，实现物流过程跟踪管理。

4. 物联网在公共事业中的应用

（1）智能交通：通过 GPS 全球定位系统，监控传感器设备等可以查看车辆运行状态，关注车辆预计到达时间及车辆的拥挤状态。

（2）城市管理：运用地理编码技术，实现城市部件的分类、分项管理，可实现对城市管理问题的精确定位。

（3）环保监测：将传统传感器所采集的各种环境监测信息，通过无线传输设备传输到监控中心，进行实时监控和快速反应。

任务 1.5 认识人工智能

1.5.1 人工智能的定义

人工智能（Artificial Intelligence，AI），这一技术存在多种概念及定义，而其中一种较为实用的定义就是研究和开发用于模拟人类理论、方法、技术一门新技术。人工智能技术包括计算机进行机器人学习、语言识别、图像识别、自然语言处理等。简而言之，就是研究计算机系统如何能够履行那些只有依靠人类智慧才能完成的任务。

从技术实现角度来看，人工智能是计算机科学的一个分支，研究人员分析人类对问题思考的过程，并利用计算机算法生产出一种与人类智慧相似并能够做出相关反应的系统。该领域的研究包括机器人、语言识别、图像识别、自然语言处理和专家系统等。值得一提的是，随着计算机为解决新任务挑战而升级换代并推而广之，人们对那些所谓"需要依靠人类智慧才能解决的任务"的定义门槛也越来越高。所以，人工智能的定义随着时间而演变，这一现象称之为"人工智能效应"。

1.5.2 人工智能的发展历史

1955 年，美国计算机科学家艾伦·纽威尔和赫伯特·西蒙编写了"The Logic Theorist"程序，它是一种采用树形结构的程序，在程序运行时，程序会在内部结构中搜索，寻找与可能答案最接近的程序分支进行探索，直至得到正确答案。这个第一个具有人工智能雏形的程序。

而"人工智能"这个概念是 1956 年在达特茅斯学院召开的一次会议上提出的，从那以后，研究者们发展了众多理论，人工智能的概念也随之扩展。

随后，计算机专家约翰·麦卡锡召集了一次会议来讨论人工智能未来的发展方向。从那时起，人工智能的名字才正式确立，为此，他也被人们称为"人工智能之父"。在此以后，人工智能的重点开始变为建立实用的能够自行解决问题的系统，并要求系统有自学习能力。

20 世纪 80 年代早期，日本发起了一个项目，旨在开发一种在人工智能领域处于领先的计算机结构。西方开始担心会在这个领域输给日本，这种焦虑促使他们决定重新开始对人工智能的投资。20 世纪 80 年代已经出现了人工智能技术产品的商业供应商，而其中一些已经投入市场使用。

直到 21 世纪，人工智能在基于神经网络的深度学习领域取得突破，人类又一次看到机器赶超人类的希望。这次标志性的技术进步，在最近几年引爆了一场商业革命。谷歌、微软、阿里巴巴、腾讯、百度等互联网巨头，还有众多新生的科技公司，纷纷加入人工智能产品的战场，掀起又一轮的智能化狂潮。

1.5.3 人工智能的应用领域

1. 问题求解

人工智能第一次成功解决了人类思维问题的例子是下棋，在下棋程序中应用了某些技术，如向前看几步并预测棋盘走势。今天的计算机程序已能够达到下各种方盘棋和国际象棋的锦标赛水平，达到甚至超越了国际象棋大师和围棋大师们洞察棋局的能力。到目前为止，人工智能除了解决下棋问题，还能够像人类大脑理解大部分常见的问题，并且知道如何理解问题的本意，搜索解答资源，寻找最优答案。

2. 逻辑推理与定理证明

逻辑推理与定理证明是人工智能研究中最持久的领域之一，其中特别重要的是人工智能可以在大型的数据库中的有关资料里，分析与证明资料的依存关系，并在出现新信息时适时修正这些关系和信息，有效地避免了错误的信息关系。人工智能系统还被用来预测医疗数据和病理关系，通过医疗诊断资料和病人病历信息，检索和证明病理原因与关系，从而帮助制药公司识别出最有疗效的药物。

3. 自然语言处理

自然语言的处理是人工智能技术应用于实际领域的典型范例，经过多年艰苦努力，这一领域已获得了大量令人注目的成果。比如 Google 的语音识别系统，一份报告显示，Google 用了不到两年时间就将语音识别的精准度从 2012 年的 84%提升到如今的 98%。

4. 智能信息检索技术

信息获取和精细化技术已成为当代计算机科学与技术研究中迫切需要研究的课题，将人工智能技术应用于这一领域的研究是人工智能走向广泛实际应用的契机与突破口。比如零售商利用人工智能来自动获取有吸引力的交叉销售定价和有效的促销活动。

5. 专家系统

专家系统是目前人工智能中最活跃、最有成效的一个研究领域，它是一种具有特定领域内大量知识与经验的程序系统。近年来，在"专家系统"或"知识工程"的研究中已出现了成功和有效应用人工智能技术的趋势。人类专家由于具有丰富的知识，所以才能达到优异的解决问题的能力。那么计算机程序如果能体现和应用这些知识，也应该能解决人类专家所解决的问题，而且能帮助人类专家发现推理过程中出现的差错，现在这一点已被证实。如在矿物勘测、化学分析、规划和医学诊断方面，专家系统已经达到了人类专家的水平。成功的例子如：PROSPECTOR 系统（用于地质学的专家系统）发现了一个钼矿沉积，价值超过 1 亿美元。DENDRL 系统的性能已超过一般专家的水平，可供数百人在化学结构分析方面的使用。MY CIN 系统可以对血液传染病的诊断治疗方案提供咨询意见。经正式鉴定结果，对患有细菌血液病、脑膜炎方面的诊断和提供治疗方案已超过了这方面的专家。

任务 1.6　移动互联网

1.6.1　移动互联网的概念及现状

移动互联网（Mobile Internet，MI），就是将互联网的技术、平台、商业模式和应用与移动通信技术结合并实践的活动的总称。移动互联网广义上的应用是指用户可以使用手机、笔记本等移动终端通过协议接入互联网，而狭义上的移动互联网则是指用户使用手机终端通过无线通信的方式访问采用 WAP 网站或者手机 App 软件。

在我国互联网的发展过程中，互联网产业为我国经济做出了重大的贡献。但是随着时间推移，传统的计算机互联网已日趋饱和，同时宽带无线接入技术和移动终端技术也在飞速发展，人们迫切希望能够随时随地乃至在移动过程中都能方便地从互联网获取信息和服务，移动互联网应运而生并迅猛发展。

移动互联网相对于传统计算机互联网而言是新鲜的事物，但伴随着移动终端价格的下降及无线网络的广泛应用，移动互联网呈现爆发趋势。截至 2017 年 12 月，我国活跃的网民规模达 7.72 亿，普及率达到 55.8%，超过全球平均水平（51.7%）4.1 个百分点，网民中使用手机上网人群的占比由 2016 年的 95.1%提升至 97.5%；移动互联网服务场景不断丰富、移动终端规模加速提升、移动数据量持续扩大，为移动互联网产业创造更多价值挖掘空间。

移动互联网可分为终端（设备）层、接入（网络）层和应用（业务）层 3 个层面，其最显著的特征是多样性。终端层包括智能手机、平板电脑、电子书等；软件包括操作系统、中间件、数据库和安全软件等。应用层包括休闲娱乐类、工具媒体类、商务财经类等不同应用与服务。随着 5G 技术、NFC 近场通信技术的不断发展，移动互联网产业的发展会越发蓬勃。

1.6.2　移动互联网的特征

就目前发展状况而言，手机是移动互联网时代的主要终端载体，根据手机及手机应用的特点，移动互联网主要有以下特征。

（1）即时性。手机是随身携带的物品，因而具备随时随地的特性。

（2）私密性。随着手机的普及，每个手机都可以归属到个人，包括手机号码、手机终端的应用，基本上都是私人来使用的，相对于传统计算机用户，更具有个人化、私密性的特点。

（3）地理性。不管是通过基站定位、GPS 定位还是混合定位，手机终端可以获取使用者的位置，可以根据不同的位置提供个性化的服务。

（4）真实关系性。手机上的通讯录或者社交软件上的用户关系是最真实的社会关系，随着手机应用从娱乐化转向实用化，基于社会关系的各种手机应用也将成为移动互联网新的增长点，在确保各种隐私保护之后的联网，将会产生更多的创新型应用。

（5）多样性。众多的手机品牌、操作系统、硬件配置，造就了形形色色的终端，一个优秀的产品要想覆盖更多的用户，就需要更多考虑终端兼容。

移动互联网的这些特性是其区别与传统互联网的关键所在，也是移动互联网产生新产品、新应用、新商业模式的源泉。每个特征都可以延伸出新的应用，也可能引发新的机会。

移动互联网综合了移动通信技术和互联网二者结合带来的优势。移动互联网既具有互联网的特征，又具备智能化终端的移动化特征，因此在个人数据应用和企业信息化应用方面都已经呈现出极大的发展潜力。移动互联网个人应用的驱动因素是个体消费者驱动的，目的是满足个人信息化及消费需求，移动互联网的个人应用不局限于本地应用，主要针对个人的沟通、生活、娱乐、交友等服务。移动互联网应用，打破了信息化在个人和企业应用之间的壁垒。

任务实施

——微信公众号的应用

移动互联网大数据公司 QuestMobile 发布《移动互联网 2018 半年报告》。报告指出，2018 年上半年，中国移动互联网用户增加了 2000 万人，而其中微信月活跃用户账户数量规模已达 9.3 亿。除了月活跃用户规模继续上涨之外，微信公众号数量也超过了 2000 万，月活跃账号达 350 万，月活跃用户约 8 亿。

为了更好地完成本次任务，我们先是确定了公众号定位；根据公众号定位，选择注册的账号类型。

订阅号：主要偏向于为用户传达资讯（功能类似报纸期刊，为用户提供新闻信息或娱乐趣事），每天可群发 1 条消息；

适用人群：个人、媒体、企业、政府或其他组织。

服务号：主要偏向于服务交互（功能类似 12315、114、银行，提供绑定信息、服务交互），每月可群发 4 条消息；

适用人群：媒体、企业、政府或其他组织。

准备工具：邮箱、注册信息。

步骤 1：了解微信平台注册过程，申请平台账号。

步骤 2：填写邮箱，激活公众平台账号。如图 1-26 所示，确认邮件已发送至你的注册邮箱：xxxx@qq.com。请进入邮箱查看邮件，获得验证码。同时输入新注册账号准备用密码，勾选《微信公众平台服务协议》点击注册。

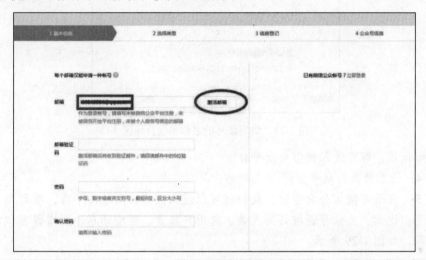

图 1-26　填写注册邮箱

步骤 3：信息登记。

输入你的相关信息，需要是真实并有效的资料。

使用注册者的手机微信扫描二维码（见图 1-27），并确认，然后填充手机号，获取验证码。完成之后点击继续注册。

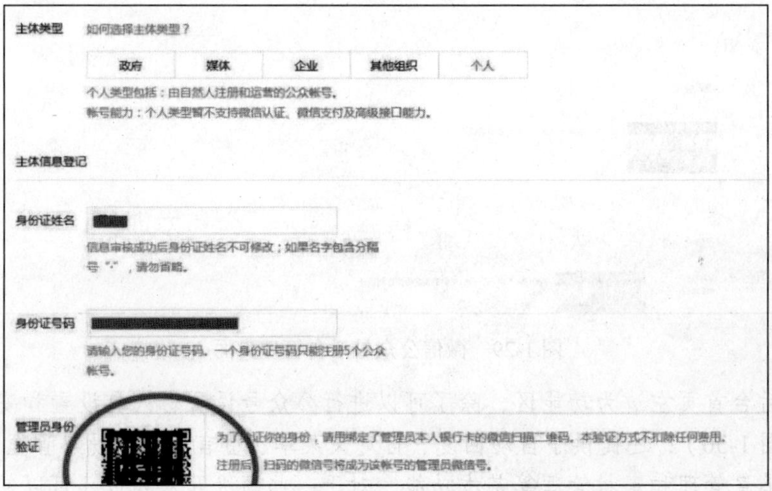

图 1-27　填写注册者的身份证信息并扫描二维码

填写公众号名称（见图 1-28）、简介等信息，点击确认，这样一个公众号就注册好了。由于信息更改有条件限制，建议同学们一次性填写正确。

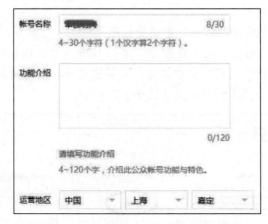

图 1-28　填写账号的名称和运营地区

注册好以后，即可进入微信公众平台。

步骤 4：设置微信公众平台。

步骤 5：注册好微信公众号后，我们就可以进入微信公众号的平台，看到公众号的一些基本信息。比如，公众号新增订阅人数、总用户数量、新增消息、新增留言和之前发布过的文章等，如图 1-29 所示。

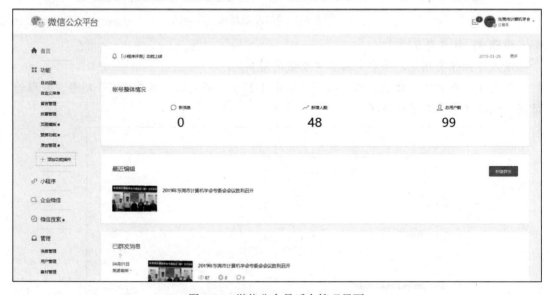

图 1-29　微信公众号后台管理界面

公众号后台首页左边为功能区，除了可以进行公众号设置、人员设置和安全中心等后台设置（见图 1-30），还提供了自动回复、自定义菜单、留言管理、投票管理、页面模板、用户管理、消息管理和素材管理等基本功能。对于一些高级开发人员还可以使用统计和开发者工具等功能。

图1-30 基本设置菜单

在公众号设置中，可以对公众号的公开信息进行设置，如名称、微信号、类型、介绍以及所在地址等，如图1-31～1-34所示。

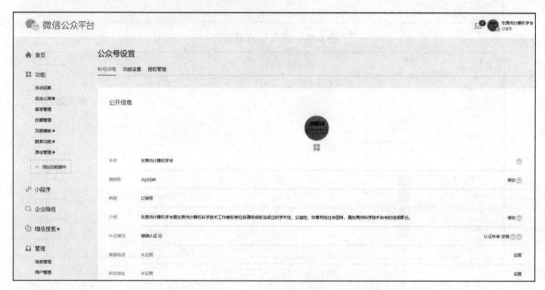

图1-31 公众号账号详情

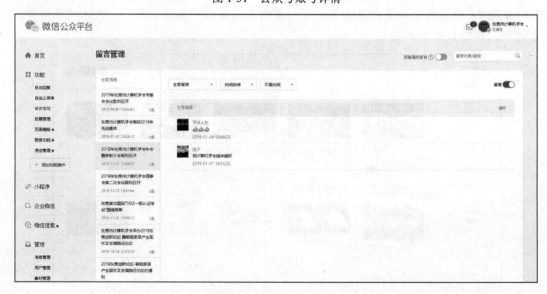

图1-32 公众号留言管理

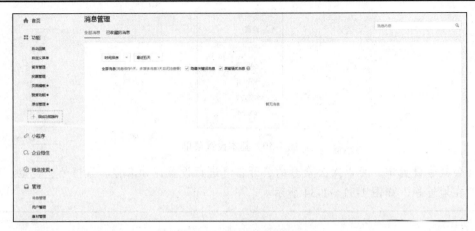

图 1-33   公众号消息管理

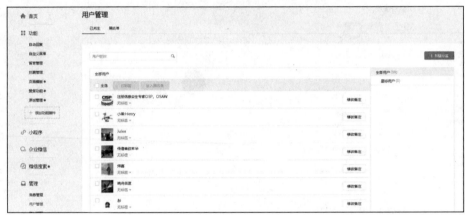

图 1-34   公众号用户管理

步骤 6：新增及发布图文消息。

步骤 7：设置好公众号的基本信息后，我们可以点击"素材管理"，选择"新建图文素材"，如图 1-35 所示。

图 1-35   文章素材管理

在新建图文素材的页面，我们可以看见一个与 Word 软件相近的文档操作界面，按照顺序把文字、图片、超链接等元素编辑好（见图 1-36）即可。

图 1-36　编辑文章内容

编辑好文章的基本内容后，转到界面下面，选择封面图片和文章摘要（见图 1-37），选择原文链接和是否允许阅读者留言。

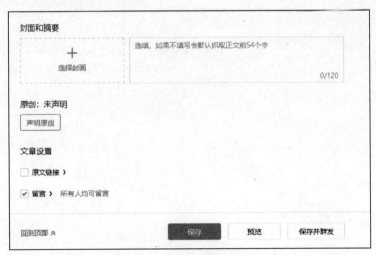

图 1-37　选择封面和文章摘要

文章所有元素都编辑好以后就可以保存文章，还可以预览文章，并选择是否马上群发。

第 2 部分

Word 2010 应用

宣传手册排版

Word 2010 是美国微软公司为 PC 用户开发的办公自动化套件 Microsoft Office 2010 中的一个重要组成部分，是世界上经典的文字编辑软件，它集文字编辑、制表和图形编辑于一体，具有个性化的用户界面。使用它可以编排出精美的文档，是现代办公中不可或缺的一款工具。

在 Word 文档中输入文本时，字符是以默认的字体和字号显示的。为了使文档内容以更加醒目、美观的样式显示或打印出来，就需要对文档进行格式化，即对文档进行排版操作。Word 文档的排版操作包括页面设置、字符格式化、段落格式化及快速格式化等操作。

在本学习情境中，要完成两个工作任务，最终完成宣传手册的排版。

任务 2.1 设置宣传手册的页面格式

任务 2.2 格式化宣传手册

任 务 描 述

在本情境中，要完成宣传手册的页面设置和格式化，下面将任务要求描述如下。

1. 宣传手册的页面设置

（1）打开情境 2 中录入和编辑好的"企业推广.docx"文档。

（2）设置该文档页面大小为 A5，页边距为上 2.54 厘米、下 2.12 厘米、左 1.59 厘米、右 1.59 厘米。

（3）设置文档页眉为图片 logo.jpg，居左对齐；页脚为"第×页 共×页"。

（4）给文档加上文字水印效果，文字水印为"咨询公司"。

2. 宣传手册的格式化

（1）格式刷的应用。将一级标题（如"一．企业文化"）设置为黑体，三号字。

（2）字符格式化。将企业文化下的"企业理念""服务宗旨""质量方针"设置为楷体_GB2312，四号字，其他正文的文本设置为幼圆、小四号，字间距加宽 0.5 磅。

（3）段落格式化。将所有正文段落首行缩进两个字符，行间距为固定值 18 磅。

（4）设置分栏。将企业简介正文中的第一段分为两栏，中间加分隔线。

（5）设置项目符号。给核心业务下的 8 段文字加上项目符号"☎"。

（6）设置边框和底纹。给"四．ICTI 简介"中的创立主旨加上双线带阴影的边框，并添加黄色底纹。

3. 保存文件

将文件另存为"企业推广 1.docx"，效果如图 2-1 所示。

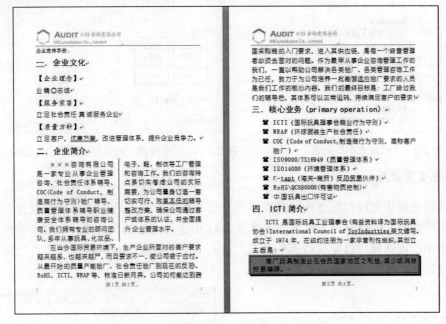

图 2-1 宣传手册页面设置和格式化后的效果图

任务 2.1 设置宣传手册的页面格式

2.1.1 设置纸张与页边距

一篇完整的文档除了文本的编辑、格式的设置等，还需要根据要求对文档的页面进行设置。它包括对纸张大小、页边距、版式和文档网格等的设置。

1. 设置纸张大小

Word 2010 默认的纸张大小为 A4（宽度为 21 厘米，高度为 29.7 厘米），用户也可根据需要选择其他纸张。单击"页面布局"选项卡"页面设置"组中的"纸张大小"按钮，在弹出的下拉列表（见图2-2）中选择所需的纸张大小即可。如果所需的纸张不在列表中，可选择"其他页面大小"命令，打开"页面设置"对话框，在"纸张"选项卡中进行设置，如图2-3所示。

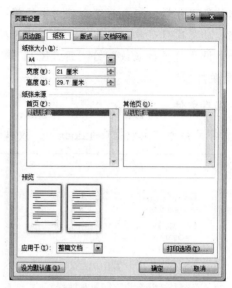

图 2-2 "纸张大小"列表   图 2-3 "页面设置"对话框的"纸张"选项卡

2. 设置页边距

页边距是指正文区与纸张边缘的距离。单击"页面布局"选项卡"页面设置"组中的"页边距"按钮，在弹出的下拉列表（见图2-4）中选择合适的页边距，如果所需的页边距不在列表中，可选择"自定义边距"命令，打开"页面设置"对话框，在"页边距"选项卡中进行设置，如图2-5所示。

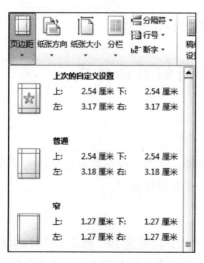

图 2-4 "页边距"列表   图 2-5 "页面设置"对话框的"页边距"选项卡

"页边距"选项卡中还可以设置两种页面方向："纵向"和"横向"。如果设置为"横向",则纸张大小中的"宽度"值和"高度"值互换,适合于宽行表格的编辑。

3. 插入页码

文档的编写一般都需要页码,以便查找和识别。为文档添加页码,单击"插入"选项卡"页眉和页脚"组中的"页码"按钮,再选择"页面底端"命令,在弹出的下拉列表中选择需要的页码格式插入页码。

【例 2-1】打开文档"朱自清.docx",插入页码 A,B,C,…,并居中显示于文档底部。操作步骤如下。

步骤 1:打开素材文档"朱自清.docx",单击"插入"选项卡"页眉和页脚"组中的"页码"按钮,再选择"页面底端"命令,选中"普通数字 2"的页码格式,此时页码被插入文档中。

步骤 2:选择"设置页码格式"命令,打开"页码格式"对话框,在"编号格式"下拉列表框中选择"A,B,C,…",如图 2-6 所示。单击"确定"按钮后页码编号变为"A,B,C,…"格式。最后将文档按原文件名保存。

图 2-6　"页码格式"对话框

步骤 3:如果要删除插入的页码,可单击"插入"选项卡"页眉和页脚"组中的"页眉"按钮,在弹出的下拉列表中选择"编辑页眉"命令,或单击"页脚"按钮,在弹出的下拉列表中选择"编辑页脚"命令,进入页眉区或页脚区,选定页码并按 Delete 键即可。

2.1.2　页眉与页脚设置

为了使文档更具有可读性,用户可以为文档添加页眉和页脚。"页眉和页脚"通常包括页码、日期、公司徽标、文档标题、文件名或作者名等文字和图形。页眉通常出现在页面顶端,而页脚通常出现在页面底端。

1. 设置页眉和页脚的方法

单击"插入"选项卡"页眉和页脚"组中的"页眉"按钮,弹出的下拉列表提供了常用的页眉样式,如图 2-7 所示,选择一种合适的页眉,然后在页眉编辑区中输入页眉的内容,如图 2-8 所示。如果想输入页脚的内容,可以转到页脚编辑区中输入即可。

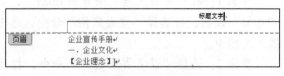

图 2-7 "页眉"列表   图 2-8   页眉编辑区

2. 设置不同的页眉和页脚

对于书刊、信件和报告等文档，通常需要去掉首页的页眉。这时可单击"插入"选项卡"页眉和页脚"组中的"页眉"按钮，在其下拉列表中选择"编辑页眉"命令，然后在"页眉和页脚工具/设计"选项卡"选项"组中选中"首页不同"复选框。

对于需要进行双面打印并装订的文档，有时需要在奇数页页眉上显示书名，在偶数页页眉上显示章节名，这时可同时选中"奇偶页不同"复选框，如图 2-9 所示。

图 2-9   "页眉和页脚设计"工具栏

2.1.3   页面美化

1. 设置页面边框

Word 除了可以为文字和段落添加边框和底纹外，还可以为文档的每一页添加边框，操作步骤如下。

（1）单击"页面布局"选项卡"页面背景"组中的"页面边框"按钮，在弹出的"边框和底纹"对话框中选择"页面边框"选项卡。

（2）在"设置"栏中选择"方框"类型，并在"样式"列表框中选择一种线型，如图 2-10 所示。也可以在"艺术型"下拉列表框中选择一种带图案的边框线型，如图 2-11 所示。（注意："应用于"下拉列表框中是"整篇文档"。）

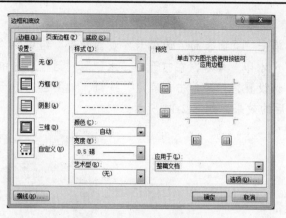

图 2-10　选择边框线型　　　　　　　　　图 2-11　艺术型边框线型

2. 设置页内横线

为文档的页面添加横线，可按如下步骤操作。

（1）单击"页面布局"选项卡"页面背景"组中的"页面边框"按钮，在弹出的"边框和底纹"对话框中选择"页面边框"选项卡，单击左下方的"横线"按钮。

（2）在打开的"横线"对话框中选择一种样式的横线，如图 2-12 所示。图 2-13 是给文档添加页边框和横线后的效果图。

图 2-12　"横线"对话框　　　　　　　　　图 2-13　效果图

3. 文档的背景设置

Word 2010 的文档背景功能可以为文档设置漂亮的背景，可以选择填充颜色、纹理、自选图片和水印等作为背景。

【例 2-2】打开素材文档"陆游.docx"，对文档加上一图片作为背景并加上水印。操作步骤如下。

步骤 1：打开文档"陆游.docx"，单击"页面布局"选项卡"页面背景"组中的"页面颜色"按钮，在其下拉列表中选择"填充效果"命令，打开"填充效果"对话框。

步骤 2：选择"图片"选项卡，然后单击"选择图片"按钮，如图 2-14 所示，选择一幅合适的图片作为文档背景。

步骤 3： 设置好背景图片后再单击"页面布局"选项卡"页面背景"组中的"水印"按钮，在其下拉列表中选择"自定义水印"命令，在打开的"水印"对话框中选中"文字水印"单选按钮，其他选项保持默认设置，然后单击"确定"按钮，如图 2-15 所示。

步骤 4： 设置背景图片和水印后的效果，如图 2-16 所示。

图 2-14 "填充效果"对话框

图 2-15 水印设置

图 2-16 背景图片和水印效果

任务实施

——设置宣传手册的页面格式

步骤 1： 打开素材文件"企业推广.docx"。

步骤 2： 纸张的设置。单击"页面布局"选项卡"页面设置"组中的"纸张大小"按钮，在其下拉列表中选择"其他页面大小"命令，在弹出的"页面设置"对话框中选择"纸张"选项卡，在"纸张大小"下拉列表框中选择"自定义大小"选项，"宽度"设为 14.8 厘米，"高度"设为 21 厘米，如图 2-17 所示。

步骤 3： 页边距的设置。单击"页面布局"选项卡"页面设置"组中的"页边距"按钮，在其下拉列表中选择"自定义边距"命令，在弹出的"页面设置"对话框中选择"页边距"选项卡，在页边距的"上""下""左""右"数值框中分别输入"2.54 厘米""2.12 厘米""1.59 厘米""1.59 厘米"，如图 2-18 所示。

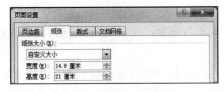
图 2-17 纸张的设置

图 2-18 页边距的设置

步骤 4： 页眉的制作。单击"插入"选项卡"页眉和页脚"组中的"页眉"按钮，在其下拉列表中选择"编辑页眉"命令，单击"设计"选项卡"插入"组中的"图片"按钮，在弹出的"插入图片"对话框中选择 logo.jpg 文件，这时图片被插入页眉中，如图 2-19 所示。

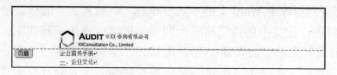

图 2-19　页眉的设置

步骤 5：页脚的制作。单击"插入"选项卡"页眉和页脚"组中的"页脚"按钮，在其下拉列表中选择"编辑页脚"命令，将光标切换到页脚中。单击"插入"选项卡"页眉和页脚"组中的"页码"按钮，在其下拉列表中选择"页面底端"|"加粗显示的数字 2"插入页码。保留数字不动，将"1/2"的页码格式修改为"第 1 页　共 2 页"，如图 2-20 所示。

图 2-20　页脚的设置

步骤 6：水印效果的制作。单击"页面布局"选项卡"页面背景"组中的"水印"按钮，在其下拉列表中选择"自定义水印"命令，在弹出的"水印"对话框中选中"文字水印"单选按钮，在"文字"下拉列表框中输入"咨询公司"，如图 2-21 所示。

图 2-21　水印的设置

任务 2.2　格式化宣传手册

2.2.1　字符格式化

字符的格式化操作，包括设置字符的字体、字号、字形、字符颜色、字间距和文字效果等。

1. 字符的字体、字号、字形及颜色

在 Word 2010 中，一般输入的文本在默认状态下为正文文本、宋体、五号。当然，用户也可以根据自己的需要来改变文本的外观。

设置字符格式有两种方法：一是用"开始"选项卡"字体"组中的相关命令按钮来完

成；二是通过"字体"组中右下角的字体按钮 来实现。

【**例2-3**】打开素材库中 Word 文档"陆游.docx"，设置文章的标题格式为二号、隶书、加粗；作者名为红色；正文中的诗句格式为四号、楷体。操作步骤如下。

步骤1：打开素材文档"陆游.docx"，用鼠标选择标题文本"卜算子.咏梅"。

步骤2：在"开始"选项卡"字体"组中的"字体"下拉列表框中选择"隶书"，在"字号"下拉列表框中选择"二号"，单击"加粗"按钮**B**。

步骤3：选择"陆游"文本，然后单击"字体颜色"按钮**A**，选择"红色"。

步骤4：使用菜单来完成余下两行字符的格式化操作。单击"字体"组中右下角的"字体"按钮 ，在弹出的"字体"对话框中选择"字体"选项卡，然后在"中文字体"下拉列表框中选择"楷体"，在"字号"下拉列表框中选择"四号"，如图2-22所示。最后将文档"陆游.docx"按原文件名保存，效果如图2-23所示。

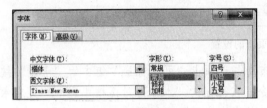

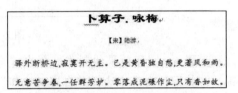

图2-22　字体的设置　　　　　　　　图2-23　格式化后的效果图

2. 字符的修饰效果

单击"开始"选项卡"字体"组中右下角的"字体"按钮，在弹出的"字体"对话框的"字体"选项卡中，除了可以用于设置字体、字形、字号、字体颜色外，还可以设置各种字符效果，包括着重号、删除线、上标、下标等，如图2-24所示。

图2-24　"字体"选项卡中的设置

【**例2-4**】科技论文写作中往往要在相应的位置插入参考文献的编号。操作步骤如下。

步骤1：新建 Word 空白文档，在其中输入"基于区域的跟踪方法[1]，基于动态轮廓的跟踪方法"文本。

步骤 2：选择文本[1]，然后单击"开始"选项卡"字体"组中右下角的"字体"按钮，在打开的"字体"对话框的"效果"栏中选中"上标"复选框，单击"确定"按钮。

步骤 3：最终该句文本的显示效果为：基于区域的跟踪方法[1]，基于动态轮廓的跟踪方法。

3. 字符的间距

字符间距是指相邻的两个字符之间的距离。单击"开始"选项卡"字体"组中右下角的"字体"按钮，在弹出的"字体"对话框中选择"高级"选项卡，如图 2-25 所示，其中的各项设置作用如下。

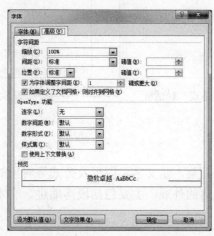

图 2-25 字符间距设置

（1）缩放：调整字符的缩放比例，有多种缩放比例可供选择。

（2）间距：调整字符之间的间距，有"标准""加宽""紧缩"3 个选项，除"标准"外，"加宽"和"紧缩"选项可另设磅值。

（3）位置：调整字符在文本行的垂直位置，有"标准""降低""提升"3 个选项，同样，除"标准"外，"降低"和"提升"选项可另设磅值。

【例 2-5】 字符间距举例。

步骤 1：新建 Word 文档，在其中输入文本"喜羊羊与灰太狼"，在"开始"选项卡"字体"组中分别设置其字符格式为二号、黑体、加粗。

步骤 2：选中该文本，单击"字体"组中右下角的"字体"按钮，在弹出的"字体"对话框中选择"高级"选项卡，设置"缩放"为 150%，"间距"为加宽 10 磅。

步骤 3：单独选择第二个"羊"字，在"高级"选项卡中设置"位置"为提升 20 磅。

步骤 4：单独选择"太"字，在"高级"选项卡中设置"位置"为降低 20 磅。最终的文字效果如图 2-26 所示。

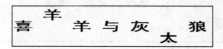

图 2-26 设置字符间距效果图

4. 字符的其他效果

单击"开始"选项卡"字体"组中右下角的字体按钮，在弹出的"字体"对话框中单击底部的"文字效果"按钮，弹出"设置文本效果格式"对话框，如图 2-27 所示。在左侧列表框中选取所需的文本效果，选中后在右侧设置区中设置相关属性，单击"确定"按钮即可。

图 2-28 中的文字效果就是选择了"文本填充"和"阴影"后的效果。

图 2-27 "设置文本效果格式"对话框

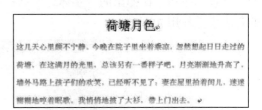

图 2-28 应用文本效果

2.2.2 段落格式化

段落是构成整篇文档的骨架，是文字、图形及公式等对象的集合，介于两个回车符之间。段落格式化用来改变段落的外观，主要包括段落缩进、文本对齐方式、行间距与段间距等。

1. 段落缩进

段落缩进是用来设置段落中的文本与页边距之间的距离。缩进可以使文档中的某一段相对其他段落偏移一定的距离，突出显示该段落，从而增加文档的层次感。在 Word 中，段落缩进有 4 种方式：左缩进、右缩进、首行缩进和悬挂缩进。

对文档进行段落缩进的设置有以下两种方法。

（1）单击"开始"选项卡"段落"组中右下角的"段落"按钮，在弹出的"段落"对话框中进行设置。

（2）使用标尺进行设置。下面举例来说明这两种方法的使用。

【例 2-6】打开素材文档"朱自清.docx"，设置第一段文本的段落缩进格式为左缩进 2 字符，右缩进 2 字符，特殊格式为首行缩进 2 字符。

（1）使用"段落"对话框进行设置。

步骤 1： 打开素材文档"朱自清.docx"，用鼠标选择第二段文本（即标题下的第一段）。

步骤 2： 单击"开始"选项卡"段落"组中右下角的"段落"按钮，在打开的"段落"对话框中选择"缩进和间距"选项卡，设置缩进左侧为 2 字符、右侧为 2 字符，在"特殊格式"下拉列表框中选择"首行缩进"选项，设置"磅值"为"2 字符"，如图 2-29 所示，文本设置后的效果如图 2-30 所示。

当要求段落缩进的单位是磅或厘米时，可以直接在文本框中输入，如"2 磅"。

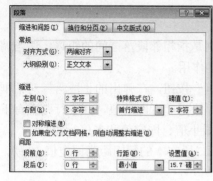

图 2-29　段落设置

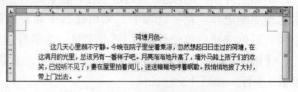

图 2-30　段落设置效果图

（2）使用标尺设置。

步骤 1：选中"视图"选项卡"显示"组中的"标尺"复选框，这时在编辑区的上面和左边出现了标尺。

步骤 2：用鼠标拖动上面的滑块，可得到如图 2-31 所示的缩进效果。

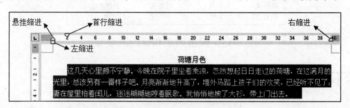

图 2-31　标尺设置段落缩进

2. 文本对齐方式

为了达到美化文档的目的，可以对文档各个段落和标题设置不同的对齐方式。在 Word 文档中，段落对齐是指段落内容相对于文档边缘的对齐方式，包括两端对齐、居中对齐、左对齐、右对齐和分散对齐。其设置方法主要有以下两种。

（1）直接在"开始"选项卡"段落"组中单击对齐按钮，从左到右依次分别如下。

➤ 左对齐▤：段落靠左对齐，但如果段落最后一行的文本不满，则右边是不对齐的。

➤ 居中对齐▤：段落居中排列，段落中每一行文本距页面两端距离相等。

➤ 右对齐▤：段落靠右对齐，但如果段落最后一行的文本不满，则左边是不对齐的。

➤ 两端对齐▤：为默认设置，段落的两端均对齐，但如果段落最后一行的文本不满，则右边是不对齐的。

➤ 分散对齐▤：段落左右两边均对齐，当段落中的某一行文本不满一行时，自动将字符拉开使该行均匀分布，保持首尾对齐。

（2）单击"开始"选项卡"段落"组中右下角的"段落"按钮，在弹出的"段落"对话框中选择"缩进和间距"选项卡，在"对齐方式"下拉列表框中选择所需要的对齐方式，如图 2-32 所示。

图 2-32　对齐方式的设置

3. 行间距与段间距

行间距就是指段落中行与行之间的距离，段间距则是指相邻段落之间的距离。适当调整段落间距和行间距，可以起到节省空间、美化段落的作用。

单击"开始"选项卡"段落"组中右下角的"段落"按钮，在弹出的"段落"对话框中选择"缩进和间距"选项卡，则可在其中设置段前、段后和行距的值，其中行距中有下拉列表可供选择：单倍行距、1.5 倍行距、2 倍行距、最小值、固定值和多倍行距。

【例 2-7】打开素材文档"朱自清.docx"，设置第二段文本的行间距为固定值 18 磅，段前 1.5 行，段后 1.5 行。

步骤 1：选中第二段文本，单击"开始"选项卡"段落"组中右下角的"段落"按钮，打开"段落"对话框。

步骤 2：在"段前"和"段后"数值框中都输入"1.5 行"，在"行距"下拉列表框中选择"固定值"选项，设置"设置值"为"18 磅"，如图 2-33 所示。

图 2-33　段落间距和行距的设置

2.2.3　首字下沉

首字下沉用于设置段落的第一行第一字使其字体变大，并且向下一定的距离，段落的其他部分保持原样。首字下沉经常应用在报纸、书籍、期刊上，首字下沉的使用可以使一篇文章变得更加活跃、美观。

设置首字下沉只需要单击"插入"选项卡"文本"组中的"首字下沉"按钮，在弹出的下拉列表中选择需要的命令即可。

【例 2-8】打开素材文档"朱自清.docx"，对第一段的文本进行首字下沉的设置。

步骤 1：把鼠标定位到第一段文字中，单击"插入"选项卡"文本"组中的"首字下沉"按钮，在弹出的下拉列表中选择"下沉"命令。

步骤 2：此时第一段的第一个文字已经出现首字下沉效果，用鼠标调整该文字四周的 8 个控制点，可以对首字的大小进行调整，效果如图 2-34 所示。

> **这** 几天心里颇不宁静。今晚在院子里坐着乘凉。忽然想起日日走过的荷塘，在这满月的光里，总该另有一番样子吧。月亮渐渐地升高了，墙外马路上孩子们的欢笑，已经听不见了；妻在屋里拍着闰儿，迷迷糊糊地哼着眠歌。我悄悄地披了大衫，带上门出去。

图 2-34　首字下沉效果

2.2.4　分栏设置

分栏就是将页面分割成几个相对独立的部分。利用 Word 的分栏功能，可以轻松地实现类似报纸期刊、公告栏和新闻栏等排版方式，既可美化页面，又可方便阅读。

单击"页面布局"选项卡"页面设置"组中的"分栏"按钮，可以在弹出的下拉列表中选择，也可以选择"更多分栏"命令在打开的"分栏"对话框中进行设置，如图 2-35 所示。在"预设"栏中选择分栏的格式。如果对"预设"栏中的分栏格式不满意，可以在"栏数"数值框中输入所要分割的栏数。如果要使各栏等宽，选中"栏宽相等"复选框即可。如果各栏不等宽，可取消选中"栏宽相等"复选框，并在"宽度"和"间距"中设置各栏的栏宽和间距即可。如果要在各栏之间加入分隔线，应选中"分隔线"复选框，并在"应用于"下拉列表框中选择分栏的范围即可。

【例 2-9】打开素材文档"朱自清.docx"，将第七段的文本分成两栏，栏宽相等，中间加上分隔线。

步骤 1：选中第七段文本，单击"页面布局"选项卡"页面设置"组中的"分栏"按钮，在弹出的下拉列表中选择"更多分栏"命令，在弹出的"分栏"对话框中进行如图 2-35 所示的设置。

步骤 2：单击"确定"按钮。分栏后的效果如图 2-36 所示。

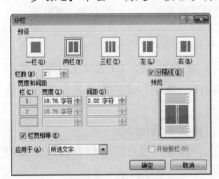

图 2-35 分栏设置

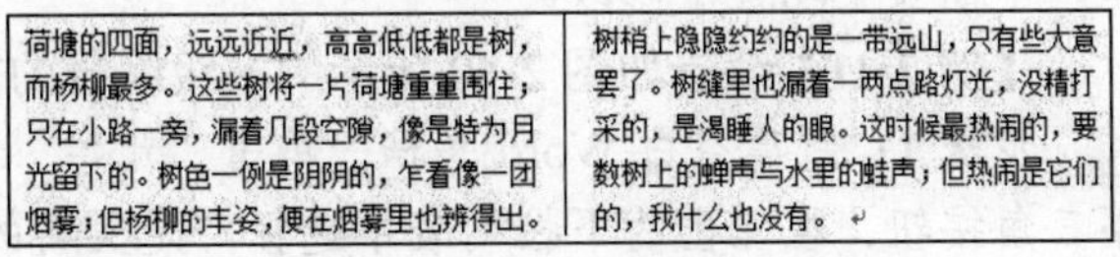

荷塘的四面，远远近近，高高低低都是树，而杨柳最多。这些树将一片荷塘重重围住，只在小路一旁，漏着几段空隙，像是特为月光留下的。树色一例是阴阴的，乍看像一团烟雾；但杨柳的丰姿，便在烟雾里也辨得出。

树梢上隐隐约约的是一带远山，只有些大意罢了。树缝里也漏着一两点路灯光，没精打采的，是渴睡人的眼。这时候最热闹的，要数树上的蝉声与水里的蛙声；但热闹是它们的，我什么也没有。

图 2-36 分栏后的效果图

2.2.5 项目符号与编号

为了使文档更具有层次性，便于阅读和理解，经常需要在段落中添加项目符号或编号。Word 的项目符号和编号功能很强大，可以轻松地设置多种格式的项目符号、编号以及多级编号等。

1. 项目符号设置

【例 2-10】打开素材文档"课程分类.docx"，给文档加上如图 2-39 所示的项目符号。操作步骤如下。

步骤 1：选中要添加项目符号的文字"平面方面"和"3D 影视特效方面"，再单击"开始"选项卡"段落"组中的"项目符号"右侧的下三角按钮，在其下拉列表中选择"✓"图案，如图 2-37 所示。

步骤 2：分别选择 8 门课程即 8 个段落，单击"项目符号"右侧的下三角按钮，在其下拉列表中选择"定义新项目符号"选项。

步骤 3：在弹出的"定义新项目符号"对话框中单击"符号"按钮，在弹出的"符号"

对话框的"字体"下拉列表框中选择 Wingdings，在符号列表中选择符号为"📖"，单击"确定"按钮，回到"定义新项目符号"对话框，如图 2-38 所示。再次单击"确定"按钮，即可看到文档的最终效果，如图 2-39 所示。

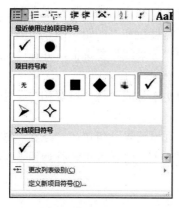

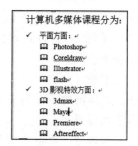

图 2-37 "项目符号"列表　　图 2-38 "定义新项目符号"对话框　　图 2-39 效果图

2. 编号设置

一篇较长的文档通常需要使用多种级别的标题编号，如第 1 章、1.1 和 1.1.1 等。使用 Word 提供的多级符号和编号，如果对章节进行了增删或移动操作，这些编号会自动进行调整，不需要手动逐个修改。

【例 2-11】编辑如图 2-40 所示的多级编号的文档。操作步骤如下。

步骤 1：新建空白 Word 文档，单击"开始"选项卡"段落"组中"多级列表"右侧的下三角按钮，在弹出的下拉列表中选择"定义新的多级列表"命令。

步骤 2：在打开的"定义新多级列表"对话框中单击"更多"按钮，首先对一级编号进行设置。在"单击要修改的级别"列表框中选择 1，在"此级别的编号样式"下拉列表框中选择"1，2，3，…"，在"起始编号"下拉列表框中选择 3，在"输入编号的格式"文本框中的 3 前加一个"第"，后面加一个"章"字，如图 2-41 所示。

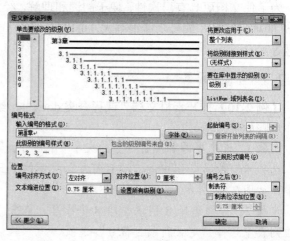

图 2-40 多级列表效果图　　　　　图 2-41 定义新多级列表

步骤 **3**：对二级编号进行设置。在"单击要修改的级别"列表框中选择 2，在"此级别的编号样式"下拉列表框中选择"1，2，3，…"，在"起始编号"下拉列表框中选择 1，则"输入编号的格式"文本框中显示的将是 3.1。对三级编号的设置可按照二级编号的设置方法进行。

步骤 **4**：设置完多级编号后，第一行就会出现"第 3 章"，输入完标题内容后，依次按 Enter 键，下一行的编号级别和上一行的编号同级，这时只需按 Tab 键即可使当前行成为上一行的下级编号；若要让当前行编号成为上一级编号，则只需按 Shift+Tab 快捷键。输入文字后文档的最终效果如图 2-40 所示。

Word 中提供了许多智能化的功能。例如，在输入文本前输入数字或字母，如"1.""（1）"等格式的字符，后跟一个空格或制表符（即 Tab 键），然后输入文本。当按 Enter 键时，Word 会自动添加编号到段前。当不需要时按 Ctrl+Z 快捷键，即可取消出现的自动编号。

如果要关闭自动编号功能，可选择"文件"菜单下的"选项"命令，在弹出的"Word 选项"对话框中选择"校对"选项卡，单击"自动更正选项"按钮，在打开的"自动更正"对话框中选择"键入时自动套用格式"选项卡，取消选中"键入时自动应用"栏中的"自动编号列表"复选框即可。下次再使用时，"自动编号"功能即不再起作用。

2.2.6　边框和底纹

设置边框和底纹也是美化文档的一种重要方式。为段落添加各种边框，并用不同的颜色填充，可以使这些段落产生非常醒目的显示效果。特别是在编辑报纸或期刊等版面时，适当地使用边框和底纹，不但可以使内容更清晰，且能达到活跃版式的效果。

设置边框和底纹只需单击"页面布局"菜单下"页面背景"组中的"页面边框"按钮，在弹出的"边框和底纹"对话框中进行各种设置即可。

【例 2-12】打开素材文档"朱自清.docx"，对第五段的文本进行如下设置：首行缩进 2 字符，段前段后分别为 1 行，行间距为 20 磅，边框为方框，线型为双线、有阴影，颜色为紫罗兰，应用范围为段落。再对第六段的第一句话进行如下设置：边框为虚线，底纹颜色为绿色，应用范围为文字。

步骤 **1**：用鼠标选择第五段文本，单击"开始"选项卡"段落"组中右下角的"段落"按钮，打开"段落"对话框。

步骤 **2**：在"段前"和"段后"数值框中都输入"1 行"，在"行距"下拉列表框中选择"固定值"选项，在"设置值"数值框中输入"20 磅"，首行缩进的"磅值"为"2 字符"。

步骤 **3**：单击"页面布局"选项卡"页面背景"组中的"页面边框"按钮，打开"边框和底纹"对话框，在"边框"选项卡中选择方框，在"样式"列表框中选择双线线型，在"颜色"下拉列表框中选择紫色，然后在"设置"区域中选择"阴影"，最后选择"应用于"范围为"段落"，如图 2-42 所示。

步骤 **4**：选择第六段的第一句话，选择边框中的方框、虚线；选择"底纹"选项卡，在其中选择绿色，并应用于文字，如图 2-43 所示。最终的文档效果如图 2-44 所示。

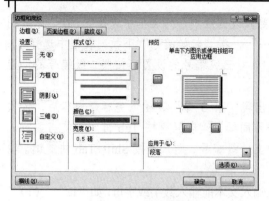
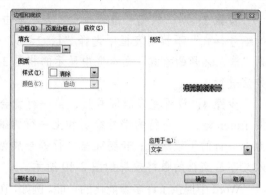

图 2-42　边框设置　　　　　　　　　　　图 2-43　底纹设置

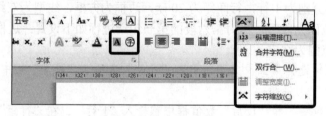

图 2-44　设置边框和底纹效果图

📖 设置边框和底纹时，要特别注意效果是应用于段落还是文字。

2.2.7　中文版式设置

Word 2010 为了满足中文排版的需要，提供了拼音指南、字符边框、带圈字符、字符底纹、纵横混排、合并字符、双行合一、调整宽度以及字符缩放 9 种设置。这 9 种功能在"开始"选项卡的"字体"组和"段落"组中，如图 2-45 所示。

图 2-45　中文版式设置

1. 拼音指南

【例 2-13】给"好好学习"4 个字加上汉语拼音，最终效果为"好好学习"。操作步骤如下。

步骤 1：选中"好好学习"4 个字，单击"开始"选项卡"字体"组中的"拼音指南"按钮，弹出"拼音指南"对话框，如图 2-46 所示。

步骤 2：设置拼音的字体、字号、对齐方式、偏移量等，单击"确定"按钮即可。如果要 4 个字合并为一个，可单击"拼音指南"对话框中的"组合"按钮，如图 2-47 所示。

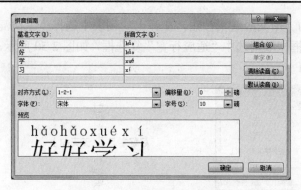

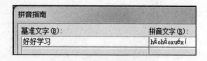

图 2-46　"拼音指南"对话框　　　　　　　　　图 2-47　拼音组合

2. 字符边框

【例 2-14】给"夏天"两个字加上边框，使最终效果为 夏天 。

步骤：选中"夏天"，单击"开始"选项卡"字体"组中的"字符边框"按钮 A ，即可得到最终效果。

3. 带圈字符

【例 2-15】给"字符"两个字加上圈，如图 2-48 所示。

步骤 1：选中"字"，单击"开始"选项卡"字体"组中的"带圈字符"按钮，在弹出的"带圈字符"对话框中选择"样式"为"增大圈号"，"文字"为"字"，"圈号"为○，单击"确定"按钮，如图 2-49 所示。

图 2-48　带圈字符　　　　　　　　图 2-49　"带圈字符"对话框

步骤 2："符"字的操作方法与"字"的操作方法类似，两字的最终效果如图 2-48 所示。

4. 字符底纹

【例 2-16】给"秋天到了"4 个字加上底纹，最终效果为"秋天到了"。

步骤：选中"秋天到了"，单击"开始"选项卡"字体"组中的"字符底纹"按钮 A ，即可得到最终效果。

5. 纵横混排

输入"好好学习好好学习天天向上天天向上"文字，选中中间的"好好学习天天向上"，再单击"开始"选项卡"段落"组中的"中文版式"按钮，在弹出的列表中选择"纵横混排"命令，在弹出的"纵横混排"对话框中取消选中"适应行宽"复选框，如图2-50所示，单击"确定"按钮，最终效果如图2-51所示。

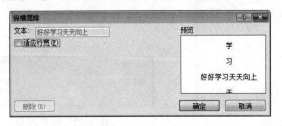 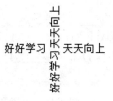

图2-50 纵横混排　　　　　　　　　　图2-51 纵横混排效果图

6. 合并字符

合并字符，可以将6个以内的字符进行合并。

输入"office"，再单击"开始"选项卡"段落"组中的"中文版式"按钮，在其下拉列表中选择"合并字符"命令，在弹出的"合并字符"对话框中设置字体、字号，单击"确定"按钮，如图2-52所示。

图2-52 合并字符

7. 双行合一

【例2-17】把"好好学习天天向上"进行双行合一，最终效果如图2-53所示。

步骤1：输入"好好学习好好学习天天向上天天向上"文字。

步骤2：选中中间的"好好学习天天向上"文本，单击"开始"选项卡"段落"组中的"中文版式"按钮，在其下拉列表中选择"双行合一"命令，弹出"双行合一"对话框，如图2-54所示，保持默认设置，单击"确定"按钮即可。

好好学习 ^{好好学习 天天向上} 天天向上

图2-53 双行合一效果图　　　　　　　图2-54 "双行合一"对话框

8. 调整宽度

【例2-18】把"中国梦"调整宽度，最终效果为"中　国　梦"。

步骤 1：输入"中国梦"文字。

步骤 2：单击"开始"选项卡"段落"组中的"中文版式"按钮，在其下拉列表中选择"调整宽度"命令，弹出"调整宽度"对话框，如图 2-55 所示。设置"新文字宽度"为6 字符，单击"确定"按钮，得到最终效果。

9.　字符缩放

【例 2-19】把"明天会更好"字符放大 130%，最终效果为"明天会更好"。

步骤 1：输入"明天会更好"文字。

步骤 2：单击"开始"选项卡"段落"组中的"中文版式"按钮，在其下拉列表中选择"字符缩放"下的"其他"命令，弹出"字体"对话框。选择"高级"选项卡，如图 2-56所示，设置"缩放"为 130%，单击"确定"按钮，得到最终效果。

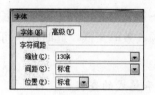

图 2-55　"调整宽度"对话框　　　　图 2-56　字符缩放设置

2.2.8　格式刷的使用

使用 Word 中的"格式刷"功能，可以快速地将设置好的格式用到其他段落中。格式的复制可以分为 3 种情况：① 只复制文本格式；② 只复制段落格式；③ 同时复制文本格式和段落格式。

【例 2-20】打开 Word 文档"课程分类格式.docx"，如图 2-57 所示，分别复制段落格式和文本格式。操作步骤如下。

步骤 1：选中图 2-58 中 Photoshop 中的几个字母，选中效果如图 2-57 所示，然后单击"开始"选项卡"剪贴板"组中的"格式刷"按钮，此时鼠标指针形状发生了变化，按住鼠标左键，选择要复制格式的文本（3dmax 和 Maya），释放鼠标左键，这时选择的文本格式发生了变化，如图 2-59 所示。

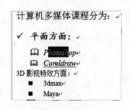
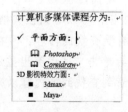

图 2-57　选择文本　　　图 2-58　原文档　　　图 2-59　复制文本格式

步骤 2：选中"平面方面"后的段落标记，如图 2-60 所示，然后单击"格式刷"按钮，此时鼠标指针形状发生了变化，在需要复制段落格式的位置（3D 影视特效方面：后的换行符）单击，这时选择的段落格式发生了变化，如图 2-61 所示。

图 2-60　选择段落标记　　　　图 2-61　复制段落格式

复制文本格式时，不能选择段落标记；复制段落格式时，只能选择段落格式；如果要同时复制文本格式和段落格式，只需同时选取文本和段落标记，然后进行格式刷的操作即可。

2.2.9　查找与替换

在校正一篇文档时，如果文档较长且错误较多，使用传统的手动方法逐一检查和纠正显然太过麻烦，效率又低，此时用户可以使用 Word 的快速格式化功能进行校正，非常方便快捷。

1．字符和格式的查找

用户可以查找任意组合的字符，包括中文、英文、全角或半角等状态的字符，操作步骤如下。

步骤 1：单击"开始"选项卡"编辑"组中的"查找"右侧的下三角按钮，在弹出的下拉列表中选择"高级查找"命令，弹出如图 2-62 所示的"查找和替换"对话框。

图 2-62　"查找和替换"对话框中的"查找"选项卡

步骤 2：在"查找"选项卡的"查找内容"文本框中输入要查找的文本。

步骤 3：连续单击 查找下一处(F) 按钮，可以看到在文档中查找到的内容呈选中状态显示。

步骤 4：如果想一次性选定所有要查找的内容，可在"查找"选项卡中单击"在以下项中查找"按钮来确定查找范围，再单击"阅读突出显示"下三角按钮，在其下拉列表中选择"全部突出显示"命令，即可看到查找到的内容以亮黄色显示。

2．字符和格式的替换

"替换"是用指定的内容代替所查找到的内容，因此替换操作常与查找操作一起使用。

【例 2-21】 将素材文件"分析与识别.docx"中的"图像"全部替换成 image。操作步骤如下。

步骤 1：单击"开始"选项卡"编辑"组中的"替换"按钮，在弹出的"查找和替换"

对话框中选择"替换"选项卡，在"查找内容"文本框中输入"图像"，在"替换为"文本框中输入"image"，如图 2-63 所示。

图 2-63 "查找和替换"对话框中的"替换"选项卡

步骤 2：单击 全部替换(A) 按钮，再单击"确定"按钮即可完成操作。

【例 2-22】查找与替换特殊字符。打开 Word 文档"应忌六句话.docx"，将其中所有"手动换行符"替换为"段落标记"。操作步骤如下。

步骤 1：打开素材文档"应忌六句话.docx"，并将插入点定位于文章最前面。

步骤 2：单击"开始"选项卡"编辑"组中的"替换"按钮，打开"查找和替换"对话框。此时，光标定位在"替换"选项卡的"查找内容"文本框中，然后单击 更多(M) >> 按钮，在展开的"替换"选项区中单击 特殊格式(E)▼ 按钮，在级联菜单中选择"手动换行符"后，在"查找内容"文本框中显示了"手动换行符"的符号 ^l 。

步骤 3：将光标定位于"替换为"文本框中，在"替换"选项区中单击 特殊格式(E)▼ 按钮，在级联菜单中选择"段落标记"后，在"替换为"文本框中显示了"段落标记"的符号 ^p 。

步骤 4：单击 全部替换(A) 按钮，弹出提示信息框，单击"确定"按钮确认，即完成操作。

3. 格式的替换

【例 2-23】将素材文件"分析与识别.docx"中的"图像"全部更换为红色的 image。

步骤 1：单击"开始"选项卡"编辑"组中的"替换"按钮，在弹出的"查找和替换"对话框中选择"替换"选项卡，在"查找内容"文本框中输入"图像"。

步骤 2：在"替换为"文本框中输入"image"，选择该文本框中的 image，单击 更多(M) >> 按钮，在展开的"替换"选项区中单击"格式"按钮，在弹出的菜单中选择"字体"命令，如图 2-64 所示。在打开的"替换字体"对话框中选择"字体颜色"为"深红"，然后单击"确定"按钮。

步骤 3：返回"查找和替换"对话框，会发现在"替换为"文本框的下面出现了"格式：字体颜色：深红"字样，如图 2-65 所示。单击"全部替换"按钮，这时文档中所有的"图像"文本全部替换为红色的 image。

【例 2-24】打开 Word 文档 Text1.docx，将其中所有格式为红色且加粗的文本替换成黑体、四号字、蓝色。操作步骤如下。

步骤 1：打开 Word 文档 Text1.docx，并将插入点定位于文章最前面。

步骤 2：单击"开始"选项卡"编辑"组中的"替换"按钮，在"替换"选项卡中将光标定位于"查找内容"文本框中，然后单击 更多(M) >> 按钮，此时，"查找"选项卡中显示出高级选项，再单击 格式(O)▼ 按钮，在弹出的菜单中选择"字体"命令，弹出"查找字体"

对话框。在"字体颜色"栏中选择"红色"，在"字形"下拉列表框中选择"加粗"。最后单击"确定"按钮，返回到"查找和替换"对话框。

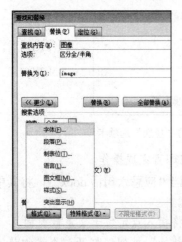 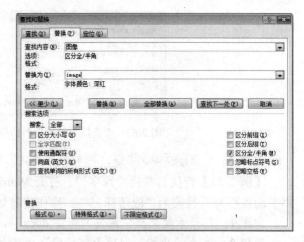

图2-64　"查找和替换"对话框中的"格式"菜单　　　图2-65　"查找和替换"对话框

步骤3：选择"替换"选项卡，将光标定位于"替换为"文本框中，单击 格式(O)▼ 按钮，在弹出的菜单中选择"字体"命令，弹出"替换字体"对话框。在"中文字体"下拉列表框中选择"黑体"，在"字体颜色"栏中选择"蓝色"，在"字号"下拉列表框中选择"四号"，再单击"确定"按钮，返回到"查找和替换"对话框，如图2-66所示。

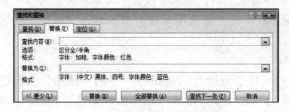

图2-66　设置要替换的格式

步骤4：单击 全部替换(A) 按钮，弹出提示信息框，再单击"确定"按钮即完成操作。

2.2.10　样式的使用

使用"格式刷"按钮可以快速地复制格式，但在修改某一处与其具有相同格式的内容时，却不会随之自动修改，所以，这种方法对于快速调整文档的格式效果并不好。而Word中的样式功能却可以很好地解决这个问题，它能迅速改变文档的外观，节省大量的操作时间。

所谓样式，就是将修饰某一类段落的一组参数，如字体类型、字体大小、字体颜色以及对齐方式等，命名为一个特定的格式名称。该格式的名称称为样式，也可以更概括地说，样式就是指被冠以某一名称的一组命令与格式的集合。

1．新建样式

单击"开始"选项卡"样式"组中右下角的"样式"按钮，在弹出的"样式"任务窗格中单击"新建样式"按钮▥，打开"根据格式设置创建新样式"对话框。在"名称"文本框中输入样式的名称，在"样式类型"下拉列表框中选择"字符"或"段落"样式选项，然后根据需要设置其他选项参数，最后，单击"格式"按钮设置样式属性，可修改属性的选项有字体、段落和制表位等。

2. 修改样式

单击"开始"选项卡"样式"组中右下角的"样式"按钮，弹出"样式"任务窗格，将鼠标放在需要修改的样式名称上，这时其后会出现下拉按钮▾，单击此按钮，在弹出的下拉列表中选择"修改"命令，在弹出的"修改样式"对话框中修改样式。

3. 应用样式

应用样式有两种方法：一是在"样式"组中的"样式"清单中排列了许多标准样式和用户自定义的样式，可以从中选择并应用于文本；二是利用鼠标选中要应用样式的段落，单击"开始"选项卡"样式"组中右下角的"样式"按钮▫，在弹出的"样式"任务窗格中选择所要应用的样式名称，则该样式即可应用于选中的文本。

4. 删除样式

单击"开始"选项卡"样式"组中右下角的"样式"按钮，弹出"样式"任务窗格，将鼠标放在需要删除的样式名称上，单击其后面的下拉按钮▾，在弹出的下拉列表中选择"删除"命令，即可删除该样式。

【例2-25】打开Word文档Text2.docx，新建一个名为BVBN-1的样式，其格式为四号、黑体、橙色、行距为固定值18磅，并将该样式应用于文档的第二段；修改名为BVBN-2的样式，字体格式为方正姚体、橄榄绿；删除样式BVBN-3。

步骤1：打开Word文档Text2.docx，单击"开始"选项卡"样式"组中右下角的"样式"按钮，弹出"样式"任务窗格。单击▥按钮，出现"根据格式设置创建新样式"对话框。在"名称"文本框中输入样式的名称"BVBN-1"，然后单击"格式"按钮，在弹出的菜单中选择"字体"命令，在弹出的"字体"对话框中选择"字体"选项卡，设置样式格式为字体：四号、黑体、橙色，单击"确定"按钮。再次单击"格式"按钮，在弹出的菜单中选择"段落"命令，在弹出的"段落"对话框中选择"缩进和间距"选项卡，设置行距为固定值18磅，单击"确定"按钮。

步骤2：选中第二段的文本（或直接将插入点定位到第二段中），从"样式"任务窗格的样式列表中选择样式BVBN-1，此时，样式BVBN-1已应用到第二段中。

步骤3：单击"开始"选项卡"样式"组中右下角的"样式"按钮，弹出"样式"任务窗格。将鼠标放置在"样式"列表框中要进行更改的样式BVBN-2上，这时其后会出现下拉按钮▾，单击此按钮，在其下拉列表中选择"修改"命令，在弹出的"修改样式"对话框中单击 格式(O)▾ 按钮，如图2-67所示，设置样式格式为字体：方正姚体、橄榄绿，单击"确定"按钮，样式更改完成（注：可以发现第三段的文本格式发生了变化）。

步骤4：单击"开始"选项卡"样式"组中右下角的"样式"按钮，弹出"样式"任务窗格。在"样式"列表框中选中要删除的样式 BVBN-3，如图 2-68 所示，单击其后面的下拉按钮，在弹出的下拉列表中选择"删除'BVBN-3'"命令，即可删除 BVBN-3 样式。

图 2-67　修改样式

图 2-68　删除样式

2.2.11　模板的使用

模板是一类特殊的文档，可以为最终生成的文档提供样板。模板中包括自动图文集词条、字体、快捷键指定方案、宏、菜单、页面布局、特殊格式和样式等。模板应用于整个文档，比样式的内容更全面。

使用 Word 2010 提供的模板可以快速制作各种文档，如简历、信函、传真、报告和合同书等。下面以一个实例来讲述模板的运用。

【例 2-26】 在 Word 2010 中利用模板制作名片。

步骤 1： 启动 Word 2010 软件，选择"文件"菜单下的"新建"命令，弹出模板窗口，如图 2-69 所示，在模板窗口中单击"Office.com 模板"列表中的"名片"图标，打开的窗口如图 2-70 所示。

图 2-69　模板窗口

图 2-70　"名片"模板

步骤 2： 单击"用于打印"按钮，可以看到当前可用的名片模板列表，如图 2-71 所示。选择"名片（横排）"，在右侧窗口中单击"下载"按钮，弹出下载对话框，提示选中的模板正在下载，如图 2-72 所示。如果此时计算机未连接 Internet，模板下载失败。

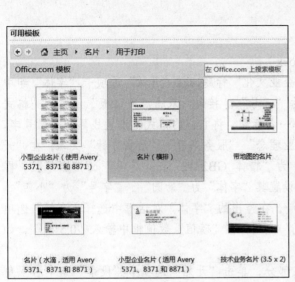

图 2-71　"名片"模板列表

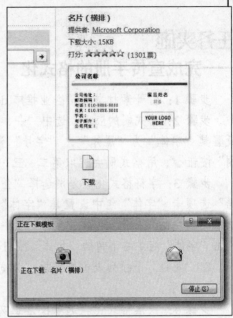

图 2-72　"名片"模板下载界面

步骤 3："名片（横排）"模板下载成功后，会打开新文档窗口，如图 2-73 所示。在新文档窗口中可直接编辑修改名片内容。

图 2-73　"名片（横排）"模板生成的新窗口

任务实施
——完成宣传手册的格式化

步骤 1：打开素材文件"企业推广.docx"。

步骤 2：格式刷的应用。选中"一．企业文化"标题，在"开始"选项卡"字体"组中设置其"字体"为"黑体"，"字号"为"三号"。接着，双击"剪贴板"组中的"格式刷"按钮 🖌，用格式刷去选取第二、三……九标题，将它们的格式也设置成黑体、三号字。

步骤 3：字符格式化。分别选择"企业理念""服务宗旨""质量方针"文本，在"开始"选项卡"字体"组中设置其"字体"为"楷体_GB2312"，"字号"为"四号"。再选取文档中的其他正文，在"字体"组中设置其"字体"为"幼圆"，"字号"为"小四"。单击"字体"组中右下角的"字体"按钮 🔲，在弹出的"字体"对话框中选择"高级"选项卡，在"间距"下拉列表框中选择"加宽"选项，在"磅值"数值框中输入"0.5 磅"，如图 2-74 所示。

步骤 4：段落格式化。选取段落正文部分，单击"开始"选项卡"段落"组中右下角的"段落"按钮，在弹出的"段落"对话框中选择"缩进和间距"选项卡，设置"特殊格式"为"首行缩进 2 字符"，"行距"为"固定值 18 磅"，如图 2-75 所示。

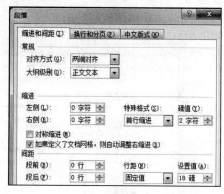

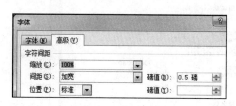

图 2-74　设置字符间距　　　　　　　　　图 2-75　段落设置

步骤 5：设置分栏。选择企业简介正文中的第一段，单击"页面布局"选项卡"页面设置"组中"分栏"右侧的下三角按钮，在弹出的下拉列表中选择"更多分栏"，然后在弹出的"分栏"对话框中选择"两栏"，并选中"分隔线"复选框，如图 2-76 所示。

图 2-76　分栏设置

步骤 6：设置项目符号。选择核心业务的 8 个段落，单击"开始"选项卡"段落"组中"项目符号"右侧的下三角按钮，在弹出的下拉列表中选择"定义新项目符号"命令。在打开的"定义新项目符号"对话框中单击"符号"按钮，在打开的"符号"对话框中选择☎选项，单击"确定"按钮，返回"定义新项目符号"对话框，如图 2-77 所示，再单击"确定"按钮即可。

步骤 7：设置边框和底纹。选中第四点 ICTI 简介中的创立主旨文本，单击"页面布局"选项卡"页面背景"组中的"页面边框"按钮，打开"边框和底纹"对话框，在"边框"选项卡中选择"方框"，"样式"为双线，选择"阴影"，应用范围为"段落"，如图 2-78 所示。选择"底纹"选项卡，在其中选择黄色，最终效果如图 2-79 所示。

图 2-77　定义新项目符号

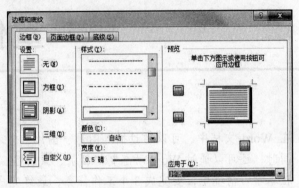

图 2-78　边框的设置

推广玩具制造业在会员国家地区之利益，减少或消除贸易障碍。

图 2-79　效果图

宣传手册的美化

在 Word 文档中，可以通过插入图形、图片、艺术字、组织结构图和表格等来美化文档。同时，还可以通过 Word 动态制作目录、索引等。

在本学习情境中，要完成 3 个工作任务，最终完成宣传手册的美化。

任务 3.1　插入宣传手册中的对象

任务 3.2　制作宣传手册中的表格

任务 3.3　制作宣传手册的目录

任 务 描 述

在本情境中，要完成 3 个任务，在宣传手册中插入图形、表格等，下面将任务要求描述如下。

1. 宣传手册对象的插入

（1）打开素材文件"企业推广 1.docx"，将开头的"企业宣传手册"几个字符转换成艺术字。要求：艺术字字体为"楷体_GB2312"，字号为 48；艺术字样式为艺术字字库中第 2 行第 1 列的样式；艺术字形状为山形，文字环绕方式为"嵌入型"，效果如图 3-1 所示。

图 3-1　艺术字效果图

（2）在"ICTI 简介"正文的第一段中插入 ICTI 图片，要求图片的文字环绕方式为四周型；图片高度为 0.87 厘米，宽度为 3.65 厘米；图片位置：水平对齐绝对位置，栏右侧

8.25 厘米，垂直对齐绝对位置，段落下侧 0.15 厘米，效果如图 3-2 所示。

（3）在证书样板中，插入两证书样板图片，并排在同一行，下面标注图片说明，如图 3-3 所示。

·四．ICTI 简介

ICTI 是国际玩具工业理事会（有些资料译为国际玩具协会）International Council of ToyIndustties 英文缩写。成立于 1974 年。在纽约注册为一家非营利性组织，其创立主旨是：

图 3-2 插入图片效果图   图 3-3 插入图片效果图

（4）在业务流程下制作如图 3-4 所示的流程图。

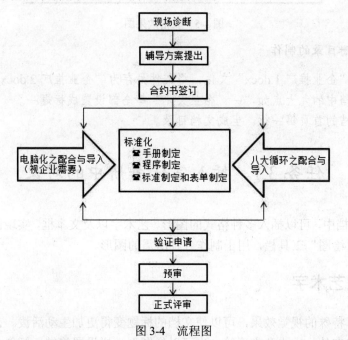

图 3-4 流程图

2. 宣传手册表格的制作

在实施规程和日常安排中制作如图 3-5 所示的表格。

3. 宣传手册的保存

将文件以"企业推广 1.docx"原文件名保存。

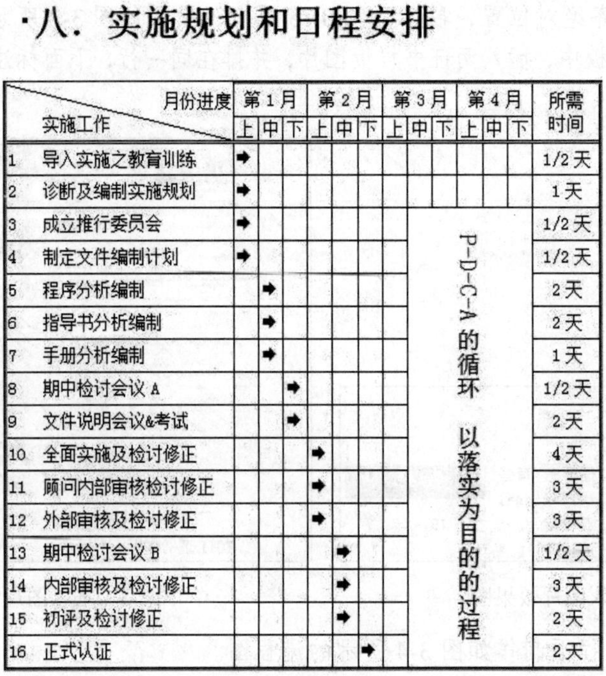

·八．实施规划和日程安排

月份进度 / 实施工作	第1月 上	中	下	第2月 上	中	下	第3月 上	中	下	第4月 上	中	下	所需时间
1 导入实施之教育训练	➡												1/2天
2 诊断及编制实施规划	➡												1天
3 成立推行委员会	➡												1/2天
4 制定文件编制计划	➡												1/2天
5 程序分析编制		➡											2天
6 指导书分析编制		➡											2天
7 手册分析编制		➡											1天
8 期中检讨会议A			➡										1/2天
9 文件说明会议&考试			➡										2天
10 全面实施及检讨修正				➡									4天
11 顾问内部审核检讨修正				➡									3天
12 外部审核及检讨修正				➡									3天
13 期中检讨会议B					➡								1/2天
14 内部审核及检讨修正					➡								3天
15 初评及检讨修正					➡								2天
16 正式认证						➡							2天

（第3月、第4月区域内竖排文字：P-D-C-A 的循环 以落实为目的的过程）

图 3-5 表格效果图

4．宣传手册目录的制作

（1）打开"企业推广 1.docx"文件，将文件另存为"企业推广 2.docx"。

（2）将文档中的九大点如"一．企业文化"等全部设置成标题一。

（3）在文档的首页第一行，生成文档目录。

任务 3.1 插入宣传手册中的对象

在 Word 文档中，可以插入多种格式的图形、艺术字以及文本框，实现图文混排。Word 还提供了一个"绘图"工具栏，用于制作各种所需的图形。

3.1.1 插入艺术字

艺术字具有特殊的视觉效果，可以使文档的标题变得更加生动活泼。艺术字可以像普通文字一样设定字体、大小和字形等，也可以像图形那样设置旋转、倾斜、阴影和三维等效果。

1．插入艺术字

步骤 1：把光标定位于要插入艺术字的位置。

步骤 2：单击"插入"选项卡"文本"组中的"艺术字"按钮，弹出艺术字列表，如

图 3-6 所示。

步骤 3： 从列表中选择一种艺术字式样，光标位置将插入艺术字输入框，可在框内输入文字，如"我的梦想"，并设置其字体、字号和字形，效果如图 3-7 所示。

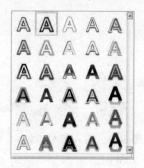

图 3-6　"艺术字"列表　　　　　　　　　　图 3-7　效果图

2．设置艺术字样式

在文档中输入艺术字后，可以使用"绘图工具/格式"选项卡"艺术字样式"组中的工具设置艺术字的样式。单击"艺术字样式"组中的右下角按钮 ⌐ ，在弹出的"设置文本效果格式"对话框中可以对艺术字的填充、边框、轮廓、阴影等进行设置，如图 3-8 所示。

还可以利用"文字效果"按钮 A· 下拉列表中的"转换"命令，将艺术字设置成各种不同的形状，如"正梯形""波形""正三角形"等，如图 3-9 所示是艺术字的各种字形列表。

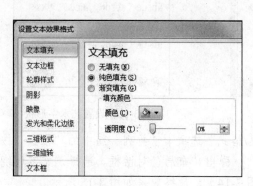

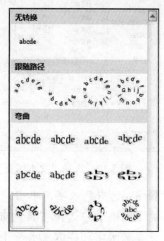

图 3-8　"设置文本效果格式"对话框　　　　图 3-9　艺术字形状

【例 3-1】新建一个 Word 空白文档，创建艺术字"宁静致远"，艺术字样式为第四行、第四列。字体格式为：楷体、加粗、48 号字。艺术字填充渐变颜色：雨后初晴。艺术字形状：正 V 形。艺术字环绕方式：上下型。操作步骤如下。

步骤 1： 新建一个 Word 空白文档，单击"插入"选项卡"文本"组中的"艺术字"按钮，在其下拉列表中选择"第四行、第四列"的艺术字样式，如图 3-10 所示。

步骤 2： 选择艺术字样式后，在文本框中输入"宁静致远"，并设置字体格式：楷体、加粗、48号字，如图3-11所示。

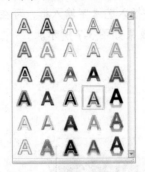

图3-10　选择艺术字样式　　　　　　　　　　图3-11　输入艺术字文本

步骤3：选中艺术字，在"绘图工具/格式"选项卡"艺术字样式"组中单击右下角的 按钮，弹出"设置文本效果格式"对话框，选择"文本填充"选项卡，再选中"渐变填充"单选按钮，"预设颜色"选择"雨后初晴"，如图3-12所示。

步骤4：单击"关闭"按钮后返回到文档中，单击"艺术字样式"组中的 按钮，在弹出的下拉列表中选择"转换"命令，"正V形"形状，如图3-13所示。

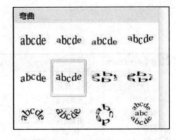

图3-12　选择"文本填充"选项卡　　　　　　图3-13　设置艺术字形状

步骤5：选中艺术字，单击"绘图工具/格式"选项卡"排列"组中的"位置"按钮，在弹出的下拉列表中选择"其他布局选项"，弹出"布局"对话框。选择"文字环绕"选项卡，设置艺术字环绕方式为上下型（见图3-14），最终效果如图3-15所示。

图3-14　艺术字环绕方式　　　　　　　　　　图3-15　完成效果

3.1.2 插入图片

Word 不但具有强大的文字处理功能，而且还可在文档中插入图片，使文档图文并茂、生动形象。插入到 Word 中的图片可以从剪贴画库、扫描仪或数码相机中获得，也可以从本地磁盘、网络驱动器以及互联网上获取。

1．插入本机图片

在 Word 中可以插入许多类型的图形文件，如.bmp、.jpg、.gif 和.wmf 等。要在文档中插入本机图片，可按如下方法操作。

先将光标置于要插入图片的位置，单击"插入"选项卡"插图"组中的"图片"按钮，然后在弹出的"插入图片"对话框中选择要插入的图片，再单击"插入"按钮，则所选图片即被插入到文档中。

2．插入剪贴画

Word 自带了一个内容丰富的剪贴画库，包含 Web 元素、背景、标志、地点、工业、家庭用品和装饰元素等类别的实用图片，用户可以从中选择合适的图片插入文档中。插入剪贴画可按如下方法操作。

将光标置于要插入图片的位置，单击"插入"选项卡"插图"组中的"剪贴画"按钮，这时会弹出"剪贴画"任务窗格，单击"搜索"按钮，让 Word 搜索出所有剪贴画。或者在"搜索文字"文本框中输入剪贴画的主题，如"动物"，单击"搜索"按钮，如图 3-16 所示，然后双击选中的剪贴画，即可将选择的剪贴画插入文档中。

3．设置图片格式

在文档中插入的图片，其格式若不能满足用户的要求，这时就需要对图片的格式进行设置。设置图片格式包括颜色与线条、大小、版式、图片文本框等几个选项。

在文档中插入的图片、表格、文本框、自选图形和绘图（如流程图）都需要格式的设置，可参照设置图片格式的操作。

图 3-16 "剪贴画"任务窗格

1）环绕方式

无论是对象、图片、自选图形还是文本框，其对于文字的环绕方式默认是"嵌入型"。Word 还提供了多种环绕方式，用户可以根据需要来设置，设置"图片的环绕方式"的方法有以下两种。

- ❭ 在"图片工具/格式"选项卡中，单击"排列"组中的"位置"按钮，在弹出的列表中选择环绕方式。
- ❭ 利用"大小和位置"命令来设置图片的环绕方式。操作步骤如下。

步骤1： 选定要设置格式的图片。

步骤2： 右击鼠标，在弹出的快捷菜单中选择"大小和位置"命令，弹出"布局"对话框，选择"文字环绕"选项卡，如图3-17所示。

步骤3： 从中选择一种环绕方式，单击"确定"按钮完成操作。四周型、紧密型、衬于文字下方和浮于文字上方这4种环绕方式的效果图，分别如图3-18～图3-21所示。

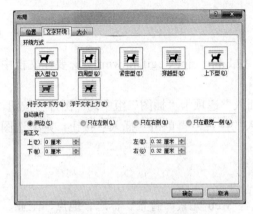

图3-17　"布局"对话框

图3-18　四周型

图3-19　紧密型

步骤4： 如要进行更多的版式设置，可设置"自动换行"的方式和"距正文"的距离。

2）图片的大小

图片被插入文档后，通常按原来的尺寸大小显示在屏幕上，如果觉得它的大小不适合，可用以下两种方法调整。

➤　将鼠标指针移向图片的8个控点之一，拖动鼠标即可改变图片大小。

➤　如要精确调整图片的大小，可利用"大小和位置"命令缩放图片。选中要修改的图片，右击，在弹出的快捷菜单中选择"大小和位置"命令，在弹出的"布局"对话框中选择"大小"选项卡，如图3-22所示。在"高度"和"宽度"数值框中输入数据，设置图片的大小。

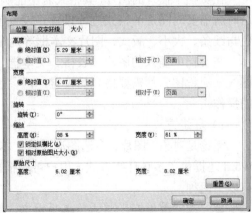

图3-20　衬于文字下方

图3-21　浮于文字上方

图3-22　设置图片大小

3）图片的其他效果

用户还可以通过"设置图片格式"对话框来编辑图片，设置图片效果。选中图片并右击，在弹出的快捷菜单中选择"设置图片格式"命令，弹出"设置图片格式"对话框，如图3-23所示，利用该对话框可以对图片进行填充、线条颜色、艺术效果等多方面的编辑。

【例3-2】打开 Word 文档"离愁.docx"，插入"植物"类别中的任意一幅剪贴画，设置图片大小：高度和宽度都为4厘米，环绕方式为四周型，其中环绕文字只在左侧，距正文距离上下左右都为0.5厘米；再插入"纹理"类别中的任意一幅剪贴画，设置图片大小高度为23厘米、宽度为15厘米，环绕方式为衬于文字下方，图片控制：冲蚀效果。操作步骤如下。

步骤1：打开 Word 文档"离愁.docx"，将光标定位在需要插入图片的位置。单击"插入"选项卡"插图"组中的"剪贴画"按钮，在弹出的"剪贴画"任务窗格的"搜索文字"文本框中输入剪贴画的名称"植物"，单击"搜索"按钮，在搜索结果中选择一幅剪贴画单击插入文档中。

步骤2：选中插入的剪贴画并右击，在弹出的快捷菜单中选择"大小和位置"命令，在弹出的"布局"对话框中选择"大小"选项卡，分别在"高度"和"宽度"数值框中输入"4厘米"。（注：取消选中"锁定纵横比"复选框。）

步骤3：选择"文字环绕"选项卡，在"环绕方式"栏中选择"四周型"，设置"自动换行"的方式为"只在左侧"，"距正文"的距离上下左右都为0.5厘米，如图3-24所示。

图3-23 "设置图片格式"对话框

图3-24 "文字环绕"设置

步骤4：单击"插入"选项卡"插图"组中的"剪贴画"按钮，在弹出的"剪贴画"任务窗格的"搜索文字"文本框中输入剪贴画的名称"纹理"，单击"搜索"按钮，在搜索结果中选择一幅剪贴画单击插入文档中。（注：选中"包括Office.com内容"复选框。）

步骤5：选中剪贴画并右击，在弹出的快捷菜单中选择"大小和位置"命令，在弹出的"布局"对话框中选择"大小"选项卡，设置图片"高度"为"23厘米"、"宽度"为"15厘米"。（注：取消选中"锁定纵横比"复选框。）

步骤6：选择"文字环绕"选项卡，在"环绕方式"栏中选择"衬于文字下方"，单击"确定"按钮。

步骤7：保持图片的选取状态，单击"格式"选项卡"调整"组中的"颜色"按钮，在弹出的下拉列表中选择"冲蚀"，最终效果如图 3-25 所示。

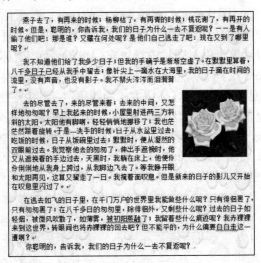

图 3-25　最终效果图

3.1.3　插入文本框

文本框是一个可以独立处理的矩形区域。在文本框中可以输入文本、表格和图片等内容。文本框中的内容可以单独设置成风格独特的文档，也可以单独进行格式化编辑，且与整个文档无关。利用文本框可以制作出版面格式新颖的小报、封面及讲演稿等图文混排作品。

1. 插入横排/竖排文本框

插入文本框的方法有以下两种。

（1）单击"插入"选项卡"文本"组中的"文本框"按钮，在弹出的下拉列表中选择"内置"分类中提供的文本框模板。

（2）单击"插入"选项卡"文本"组中的"文本框"按钮，在弹出的下拉列表中选择"绘制文本框"，在文档中拖动鼠标，也可插入一个空的横排文本框；插入竖排的文本框只要选择"绘制竖排文本框"命令即可，如图 3-26 所示。

2. 设置文本框的格式

1）改变文本框大小

在文本框中输入文本时，若没有指定字体的大小和格式，则 Word 文档会自动采用默认格式进行编排。文本框不能随着输入文字的增加而自动扩展。如果文本框的大小不能容纳所输入的文字，一部分字就会被隐藏起来，想看到这部分文字，就必须改变文本框的大小或设置文本框内字体的相关格式。

2）设置文本框内文本的格式

对于包含在文本框内部的文本，完全可以像对待普通文档中的文本一样，选择"开始"选项卡"字体"或"段落"组中的工具，来进行各种各样的格式化操作。

3）设置文本框的边框和底纹

根据实际需要，常常要为文本框设置各种边框、填充各种颜色、纹理和图片。

4）设置文本框的环绕方式

【例 3-3】按下列步骤创建一文本框。

步骤 1：单击"插入"选项卡"文本"组中的"文本框"按钮，在弹出的下拉列表中选择"绘制文本框"命令，当鼠标指针变成"+"形状，按住鼠标左键拖动绘制出一横排文本框。

步骤 2：选中文本框，单击"绘图工具/格式"选项卡中的"大小"按钮（或右击，在弹出的快捷菜单中选择"其他布局选项"命令），弹出"布局"对话框，选择"大小"选项卡，设置"高度"为"2.51 厘米"、"宽度"为"6.64 厘米"。

步骤 3：选择"布局"对话框中的"文字环绕"选项卡，设置文本框的"环绕方式"为"紧密型"。

步骤 4：单击"形状样式"分组右下角的 按钮，弹出"设置形状格式"对话框，如图 3-27 所示，设置文本框的边框线条格式为：3 磅、蓝色、边框线型任选一种。设置文本框填充颜色为橄榄色，单击"确定"按钮，效果如图 3-28 所示。

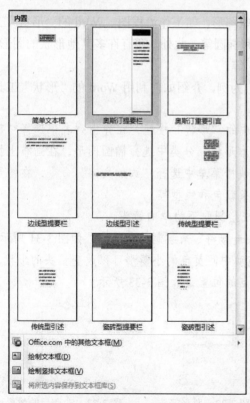

图 3-26　选择"绘制竖排文本框"命令

图 3-27　设置文本框的颜色与线条

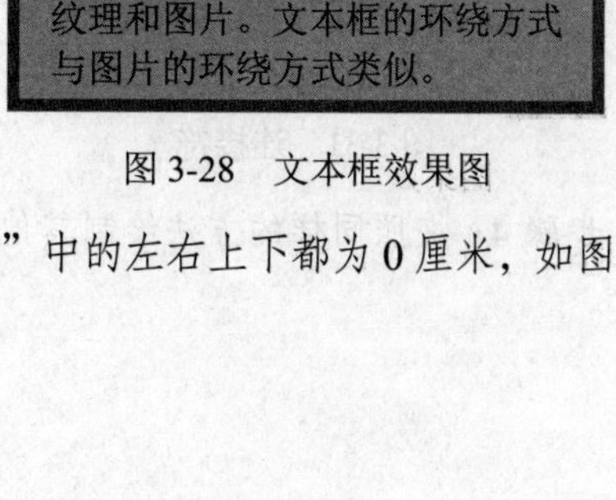

图 3-28　文本框效果图

步骤 5：选择"文本框"选项卡，设置"内部边距"中的左右上下都为 0 厘米，如图 3-29 所示。最终效果如图 3-30 所示。

图 3-29　设置文本框内部边距　　　　图 3-30　设置文本框内边距为 0 后的效果图

根据实际需要,常常要为文本设置各种边框,或填充各种颜色、纹理和图片。文本框的环绕方式与图片的环绕方式类似。

3.1.4　插入自选图形

在实际工作中，经常需要在文档中插入一些图形，如工作流程图。Word 的"形状"工具提供了一些常用的几何图形，如直线、矩形和椭圆等。此外，还有许多其他形状的图形，如"基本形状""箭头总汇""流程图""标注"等。

【例 3-4】 下面以制作一个"登录流程图"为例，介绍如何利用 Word 的"形状"工具绘制出自己需要的流程图。操作步骤如下。

步骤 1：单击"插入"选项卡"插图"组中的"形状"按钮，在弹出列表中选择"新建绘图画布"命令，调整画布的大小，在"基本形状"分类中选择椭圆图形，在画布上拖动鼠标绘制，然后右击绘制的椭圆，从弹出的快捷菜单中选择"添加文字"命令，在图形中输入所需文字，可以设置其格式，如设置线条颜色和线型等。

步骤 2：选择"线条"分类中的"箭头"来绘制向下的单向箭头。

步骤 3：选择"线条"分类中的"肘形箭头连接符"来绘制转角箭头，如图 3-31 所示；开始拉出来的箭头，如图 3-32 所示；用鼠标拖动中间黄色的小菱形可以改变箭头的形状，拖动两个绿色小圆可以改变箭头的起始和结束点的位置，如图 3-33 所示。

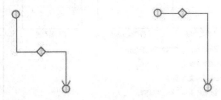

图 3-31　连接符　　　　　　图 3-32　肘形箭头　　图 3-33　改变后的效果

步骤 4：按照同样的方法绘制其他图形，并为其添加文字和设置格式，最终效果如图 3-34 所示。

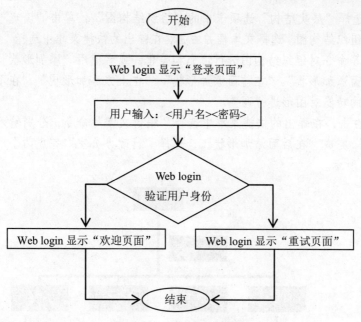

图 3-34　登录流程图效果

对绘制出来的图形，可重新进行调整，如改变大小、填充颜色、线条类型与宽度，以及设置阴影与三维效果等。还可以在"绘图"工具栏中选择"选择对象"箭头工具框选所有的图形，然后利用"绘图"│"组合"命令，将相互关联的图形组合，以便于插入文档中使用。

3.1.5　插入 SmartArt 图形

利用 Word 提供的 SmartArt 图形，可以使文档中的一些组织结构性材料，在说明时更加清晰、有条理，具体方法如下。

步骤 1：单击"插入"选项卡"插图"组中的 SmartArt 按钮，弹出"选择 SmartArt 图形"对话框，如图 3-35 所示。

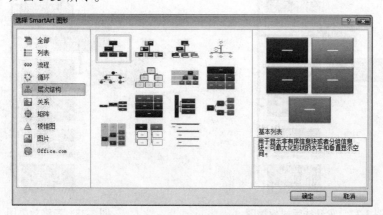

图 3-35　"选择 SmartArt 图形"对话框

　　步骤 2：选择"层次结构"选项卡中的"组织结构图"，单击"确定"按钮，文档中插入了所选的组织结构图。选择文本框并右击，在弹出的快捷菜单中选择"编辑文字""设置形状格式"等命令对组织结构图进行填充和美化，或者使用"添加形状"命令的下拉列表中的"在后面添加形状""在前面添加形状""在上方添加形状""在下方添加形状""添加助理"的功能对图形进行调整。

　　步骤 3：右击，在弹出的快捷菜单中选择"编辑文字"命令，分别输入文本，再选择"系统集成部"完成"在后面添加形状"，选择"行政办公室"完成两个"添加助理"，结果如图 3-36 所示。

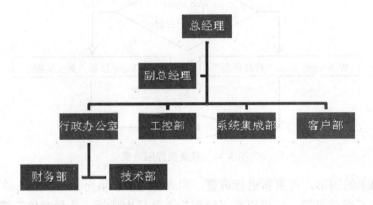

图 3-36　编辑组织结构图

　　步骤 4：选中组织结构图中的所有对象，单击"SmartArt 工具/设计"选项卡"创建图形"组中的"布局"按钮，在其下拉列表中有"标准""两者""左悬挂""右悬挂"等布局选择。如图 3-37 所示为"左悬挂"的布局效果图。

　　步骤 5：选择"SmartArt 工具/设计"选项卡"SmartArt 样式"组中的一种样式，如"三维"分类中的"优雅"样式，效果如图 3-38 所示。

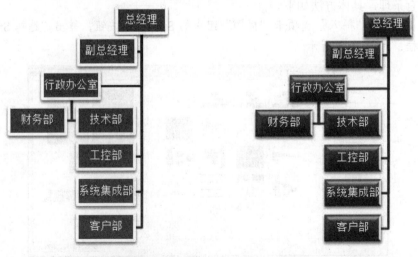

图 3-37　左悬挂版式效果图　　　　　　　　　图 3-38　三维效果图

3.1.6 插入数学公式

文档中的字符一般是通过键盘输入的，但键盘上表示的字符毕竟有限，最重要的是数学公式无法通过键盘输入。Word 2010 为用户提供了一个数学公式编辑器。一些在键盘上找不到的符号可以从"公式工具"中挑选，并在公式编辑器中输入变量和数字来建立公式。因此，可以让"公式编辑器"来帮忙完成这项工作，制作出规范的公式来。

【例 3-5】 下面以图 3-39 所示的公式作为编辑目标，演示具体公式的编辑和插入过程。操作步骤如下。

$$E_2(t) = \int_{-\infty}^{t} p_2(z)dz$$

图 3-39 插入公式

步骤 1：单击"插入"选项卡"符号"组中的"公式"按钮，在其下拉列表中选择"插入新公式"，打开"公式工具/设计"选项卡，如图 3-40 所示，进入公式编辑状态。

图 3-40 "公式工具/设计"选项卡

步骤 2：单击"上下标"按钮 e^x，在其下拉列表中选择下标，在虚线框中分别输入"E"和"2"，然后用鼠标单击 2 后面的位置，接着输入"(t)="。（注：如果这里不单击，会一直输入下标。）

步骤 3：单击"积分"按钮 $\int_{-x}^x$，在随后弹出的下拉列表中选择所需要的积分样式 $\int_\square^\square$，单击要输入文本的位置，然后在上下分别输入"t"和"-∞"，中间输入"$p_2(z)dz$"。

步骤 4：公式全部输入完成后，在公式编辑框外边任意区域单击一下，退出公式编辑状态，返回 Word 文档中。值得注意的是，退出公式编辑状态后，如果发现公式有错，可以单击插入的公式，再次进入公式编辑状态，对公式进行编辑修改。

3.1.7 插入书签

书签是加以标识和命名的位置或选择的文本，是用于帮助用户记录位置而插入的一种符号，可以迅速地找到目标位置。它可显示在屏幕上，但不显示在打印文档中。

1. 插入书签

插入书签的操作方法如下。

（1）将光标定位在要为其指定书签的项目或单击要插入书签的位置。

（2）单击"插入"选项卡"链接"组中的"书签"按钮，弹出如图 3-41 所示的"书签"对话框。

图 3-41 "书签"对话框

（3）在"书签名"列表框中输入所要插入的书签名称，单击"添加"按钮。（注：书签名不可以以数字开头，否则"添加"按钮不可用。）

2．显示/隐藏书签

在 Word 2010 中，文档默认状态是不显示书签的。但在有些情况下却要使书签在文档中显示出来。选择"文件"菜单中的"选项"命令，在弹出的"Word 选项"对话框中选择"高级"选项卡，在"显示文档内容"分类中选中"显示书签"复选框。反之，当要隐藏书签时，即可在"显示文档内容"分类中取消选中"显示书签"复选框。

3．定位书签

单击"插入"选项卡"链接"组中的"书签"按钮，在弹出的"书签"对话框中选择需要定位的书签名，单击"定位"按钮，此时光标自动定位到书签所在的位置。

4．删除书签

要删除书签时，单击"插入"选项卡"链接"组中的"书签"按钮，在弹出的"书签"对话框的"书签名"列表框中选择要删除的书签，单击"删除"按钮即可。

3.1.8　插入超链接

超链接是将文档中的文字或图形与其他位置的相关信息链接起来。超链接建立后，就可直接跳转到相关信息。它既可跳转至当前文档或 Web 页的某个位置，也可跳转至其他 Word 文档或 Web 页、其他项目中创建的文件，甚至可跳转至声音和图像等多媒体文件。

1．插入超链接

选择要设置超链接的文本或图形对象，单击"插入"选项卡"链接"组中的"超链接"按钮，在弹出的"插入超链接"对话框中选择要链接到的文件等。

2．修改超链接的目标

右击超链接，可在弹出的快捷菜单中选择"编辑超链接"命令，在弹出的"编辑超链接"对话框中设置所需选项。

3. 取消超链接

如果只是想取消文档中的超链接，而不是删除文字或其他，则只需要在超链接上右击，在弹出的快捷菜单中选择"取消超链接"命令即可完成。

4. 关闭超链接

在某些情况下，当不需要自动将输入的 Internet 或 E-mail 地址转换为超链接时，可以将其关闭。选择"文件"菜单下的"选项"命令，在弹出的"Word 选项"对话框中选择"校对"选项卡，单击"自动更正选项"按钮，弹出"自动更正"对话框。在其中选择"键入时自动套用格式"选项卡，在"键入时自动替换"栏中取消选中"Internet 及网络路径替换为超链接"复选框。

3.1.9　插入脚注和尾注

脚注和尾注的主要作用是为文档中的文本提供解释、批注以及相关参考资料。"脚注"主要是对文档的内容进行注释说明，它位于文档中每页的底端；"尾注"主要是说明文档所引用的文献，它位于文档的末尾。

1. 插入"脚注和尾注"

步骤 1： 将光标定位于文档中要插入"脚注和尾注"的位置。

步骤 2： 单击"引用"选项卡"脚注"组中右下角的 按钮，弹出如图 3-42 所示的"脚注和尾注"对话框。

步骤 3： 如果想要在文档中插入"脚注"，则在"位置"栏中选中"脚注"单选按钮，并单击其右侧的下三角按钮，在弹出的下拉列表中选择脚注插入的位置，如图 3-43 所示。

步骤 4： 如果想要在文档中插入"尾注"，则在"位置"栏中选中"尾注"单选按钮，并单击其右侧的下三角按钮，在弹出的下拉列表中选择尾注插入的位置，如图 3-44 所示。

图 3-42　"脚注和尾注"对话框

图 3-43　插入"脚注"

图 3-44　插入"尾注"

步骤 5： 在"格式"栏的"编号"下拉列表框中选择"连续"，在"自定义标记"文本框中输入一些特定的标记，或单击其右侧的 符号(Y)... 按钮，在弹出的对话框中根据需要选择一种符号作为脚注或尾注的标记，然后设置脚注或尾注的"起始编号""编号格式""将更改应用于"等。

步骤6：设置完成后，单击"插入"按钮，则脚注或尾注插入文档中，且光标自动移至插入脚注或尾注的位置，输入脚注或尾注的注释内容即可。其中插入脚注效果如图 3-45 所示，这时光标定位在文档中插入"脚注和尾注"的位置上会出现标记，如这里为1。

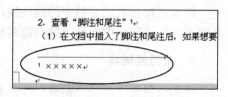

图 3-45 插入"脚注"效果

2. 查看"脚注和尾注"

（1）在文档中插入了脚注和尾注后，如果想要查看脚注或尾注的注释内容，只需将光标移至脚注或尾注标记上即可。

（2）如果文档中没有显示出脚注或尾注的文本内容，要使其在文档中显示出来，选择"文件"菜单中的"选项"命令，在弹出的"Word 选项"对话框中选择"显示"选项卡，并在"页面显示选项"栏中选中"悬停时显示文档工具提示"复选框。

3. 删除"脚注和尾注"

如果要删除脚注或尾注，则可选中文档中要删除的脚注或尾注的标记，按 Delete 键即可。

3.1.10 插入分隔符

在页面视图下进行文本录入时，当录完一页后，Word 会自动进行分页，不需要插入分页符与分节符。但在一些特殊情况下，如要求前后两页或一页中两部分之间有特殊的样式时，可插入分页符与分节符。当需要在文档中进行手动分页或分节时，也可以插入分页符或分节符。

1. 插入分页符

插入分页符的操作方法如下。

（1）将光标定位于新页的起始位置。

（2）单击"页面布局"选项卡"页面设置"组中的"分隔符"按钮，弹出如图 3-46 所示的"分隔符"列表。

（3）选择"分页符"命令。其中分页符是将文档分页；分栏符是将文档分栏；换行符是插入软回车符，将文档换行。

2. 插入分节符

插入分节符的操作方法如下。

（1）将光标定位于新页的起始位置。

（2）单击"页面布局"选项卡"页面设置"组中的"分

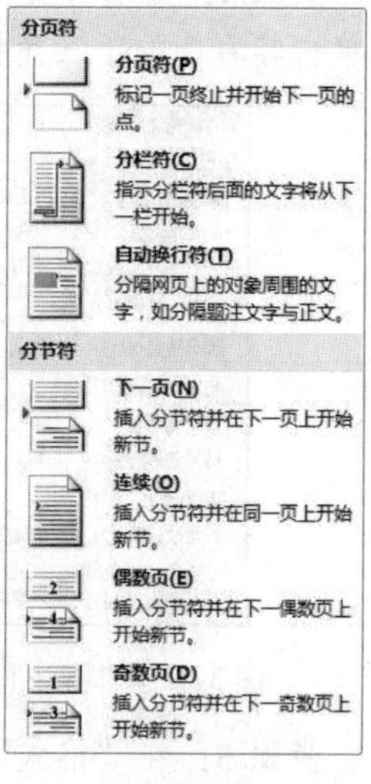

图 3-46 "分隔符"列表

隔符”按钮，弹出“分隔符”列表。

（3）选中“分节符”栏中所需的分节类型。其中，“下一页”表示新节从下页开始；“连续”表示新节从同页开始；“偶数页”表示新节从偶数页开始；“奇数页”表示新节从奇数页开始。

【例 3-6】打开 Word 文档“大地复苏.docx”，将正文的第三段以后（包括第三段）的文本分到下一页中。操作步骤如下。

步骤 1：打开 Word 文档“大地复苏.docx”，将光标定位于第三段文本的最前面，如图 3-47 所示。

步骤 2：单击“页面布局”选项卡“页面设置”组中的“分隔符”按钮，在其下拉列表中选择“分页符”命令。这时，第三段开始后的文本自动跳到下一页，如图 3-48 所示。

春
盼望着，盼望着，东风来了，春天的脚步近了。
一切都像刚睡醒的样子，欣欣然张开了眼。山朗润起来了，水长起来了，太阳的脸红起来了。
小草偷偷地从土里钻出来，嫩嫩的，绿绿的。园子里，田野里，瞧去，一大片一大片满是的。坐着，躺着，打两个滚，踢几脚球，赛几趟跑，捉几回迷藏。风轻悄悄的，草绵软软的。

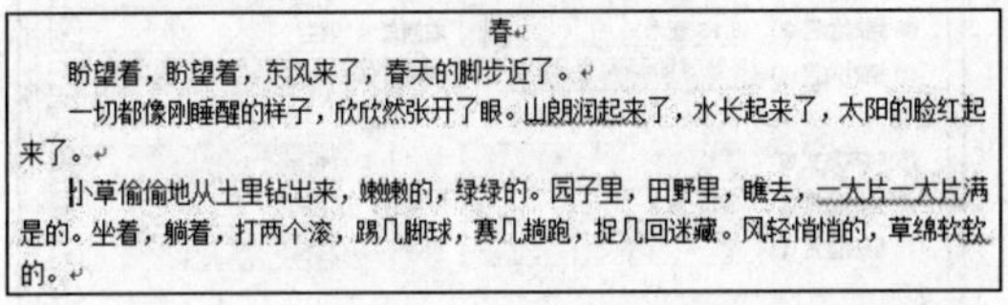

图 3-47　定位光标于第三段文本之前

春
盼望着，盼望着，东风来了，春天的脚步近了。
一切都像刚睡醒的样子，欣欣然张开了眼。山朗润起来了，水长起来了，太阳的脸红起来了。
小草偷偷地从土里钻出来，嫩嫩的，绿绿的。园子里，田野里，瞧去，一大片一大片满是的。坐着，躺着，打两个滚，踢几脚球，赛几趟跑，捉几回迷藏。风轻悄悄的，草绵软软的。

图 3-48　插入“分页符”后的效果

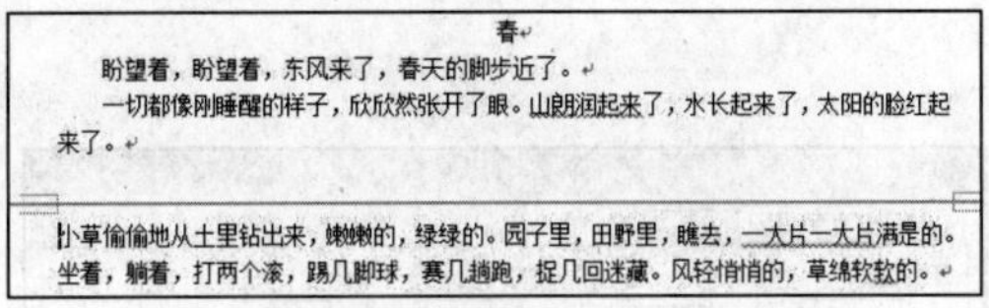

任务实施

——完成艺术字的插入

步骤 1：打开素材文件“企业推广 1.docx”，选中“企业宣传手册”几个字符，单击“插入”选项卡“文本”组中的“艺术字”按钮，在其下拉列表中选择第二行第一列的样式。选中艺术字，右击，在弹出的设置面板中将“字体”设为“楷体_GB2312”，“字号”为 48。

步骤 2：单击“绘图工具/格式”选项卡“艺术字样式”组中的 A 按钮，在弹出的下拉列表中选择“转换”命令，在其下拉列表中选择“山形”。

步骤 3：选中艺术字，单击“绘图工具/格式”选项卡“排列”组中的“位置”按钮，在弹出的下拉列表中选择“其他布局选项”，弹出“布局”对话框。选择“文字环绕”选项卡，设置艺术字环绕方式为“嵌入型”，效果如图 3-49 所示。

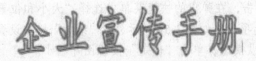

图 3-49　艺术字效果图

——完成图片的插入

步骤 1：把光标定位在“ICTI 简介”正文的第一段中，单击“插入”选项卡“插图”组中的“图片”按钮，弹出“插入图片”对话框，选择“图标.jpg”图片，图片被插入到了光标处。

步骤 2： 选中图片，右击，在弹出的快捷菜单中选择"大小和位置"命令，弹出"布局"对话框。选择"大小"选项卡，取消选中"锁定纵横比"复选框，在"高度"数值框中输入"0.87 厘米"，在"宽度"数值框中输入"3.65 厘米"。

步骤 3： 选择"文字环绕"选项卡，在其中选择图片的"环绕方式"为"四周型"，如图 3-50 所示；选择"位置"选项卡，在"水平"栏中选择"绝对位置"为"8.25 厘米"，"右侧"为"栏"；在"垂直"栏中选择"绝对位置"为"0.15 厘米"，"下侧"为"段落"，如图 3-51 所示。

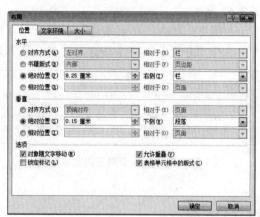

图 3-50　"文字环绕"选项卡　　　　　　图 3-51　"位置"选项卡

步骤 4： 插入图片的最终效果如图 3-52 所示。

图 3-52　效果图

——完成样板证书两并行图片的插入

步骤 1： 把光标定位到"六．证书样板"正文区域行首，单击"插入"选项卡"插图"组中的"图片"按钮，在弹出的对话框中选择"培训证书.jpg"文件插入光标位置，图片默认文字环绕方式为嵌入型。

步骤 2： 在图片上右击，在弹出的快捷菜单中选择"大小和位置"命令，弹出"布局"对话框。选择"大小"选项卡，如图 3-53 所示，在"缩放"栏中设置"高度"为 75%，"宽度"为 75%，即锁定了纵横比，单击"确定"按钮图片缩小。

步骤 3： 把光标定位在刚插入的 ICTI 证书样板的后面，按两次空格键（让两图片之间有空隙），单击"插入"选项卡"插图"组中的"图片"按钮，在其中选择"认证证书.jpg"文件插入光标位置，按照前面的方法设置图片的缩放大小为 75%。此时两图片并行地放置在同一行上。

步骤 4： 按 Enter 键，将光标下移一行，在其中输入"ICTI 证书样板"和"ISO9000 证书样板"字样，并摆放好位置，效果如图 3-54 所示。

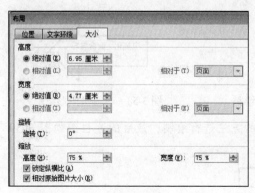

图 3-53 设置图片大小

ICTI 证书样板   ISO9000 证书样板

图 3-54 插入图片效果

——完成流程图的插入

步骤 1：选择"文件"|"选项"命令，在弹出的"Word 选项"对话框中选择"高级"选项卡，取消选中"插入'自选图形'时自动创建绘图画布"复选框，如图 3-55 所示，这样就不会在绘图时弹出绘图画布。

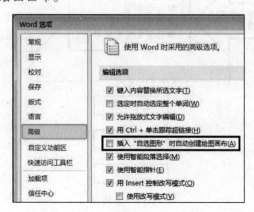

图 3-55 "Word 选项"对话框

步骤 2：单击"插入"选项卡"插图"组中的"形状"按钮，在弹出的下拉列表中选择"矩形"工具，拖动十字光标绘制矩形，对准矩形右击并在弹出的快捷菜单中选择"添加文字"命令，在矩形中输入文本。选中矩形，选择"绘图工具/格式"选项卡"形状样式"分组中样式列表的第一个。

步骤 3：在"形状"列表中选择"箭头"工具，拖动十字光标绘制向下箭头，选中箭头，选择"绘图工具/格式"选项卡"形状样式"组中样式列表的第一个，效果如图 3-56 所示。相似的图形绘制可使用同样的方法。

步骤 4：在"形状"列表中选择"直线"工具，按住 Shift 键绘制一条横线，然后选择"箭头"工具，在直线的末端分别绘制两条向下的箭头，如图 3-57 所示。

步骤 5：在"形状"列表中选择"右箭头"工具，拖动鼠标绘制一个向右的大箭头，右击大箭头并在弹出的快捷菜单中选择"添加文字"命令，在右箭头中输入文本，如图 3-58 所示。

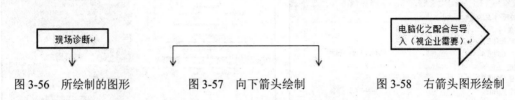

图 3-56　所绘制的图形　　　　图 3-57　向下箭头绘制　　　　图 3-58　右箭头图形绘制

步骤 6：其他的图形可根据步骤 2～步骤 5 的方法进行绘制，最后的流程图如图 3-59 所示。

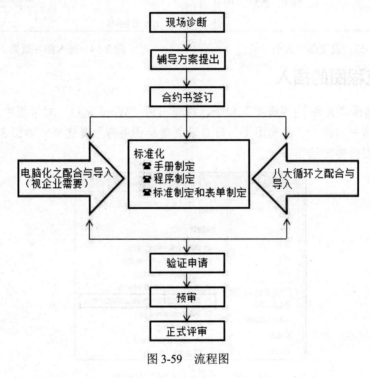

图 3-59　流程图

任务 3.2　制作宣传手册中的表格

制作表格是人们进行文字处理的一项重要内容。Word 提供了丰富的制表功能，它不仅可以建立各种表格，而且允许对表格进行调整、设置格式和对表格中的数据进行计算等。Word 文档中的表格是由行和列组成的，构成表格的每一个单元称为单元格。合理使用表格来整理复杂的数据和文本，可使所被表达的数据和文本更加简洁、明快、清晰。

3.2.1　表格的创建

创建表格的方法有如下 3 种。

（1）利用"插入表格"命令插入表格。单击"插入"选项卡"表格"组中的"表格"按钮，在弹出的下拉列表中选择"插入表格"命令，在弹出的"插入表格"对话框中设置表格的列数和行数，如图 3-60 所示，单击"确定"按钮，所需表格即被插入文档中。

（2）利用"表格示意框"插入表格。单击"插入"选项卡"表格"组中的"表格"按钮，在弹出的下拉列表中显示相应的示意框，在示意框中向右向下拖动直到所需的行列数为止，释放鼠标即可在光标处建立一个表格，如图 3-61 所示。

图 3-60　"插入表格"对话框

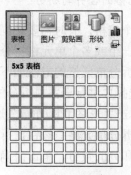

图 3-61　插入表格

（3）手动绘制表格。单击"插入"选项卡"表格"组中的"表格"按钮，在弹出的下拉列表中选择"绘制表格"命令，直接绘制表格。

3.2.2　表格的编辑

1. 单元格、行、列的选取

单元格就像文档中的文字一样，要对它操作，必须先选取它。把光标定位到单元格中，单击"表格工具/布局"选项卡"表"组中的"选择"按钮，则可选取行、列、单元格或者整个表格。也可使用鼠标进行选择，方法可参照文本的选定方法。

2. 表格的移动、缩放和删除

在 Word 中，用户可以像处理图形一样，对表格进行移动、复制、缩放及删除等操作。在操作之前，先要选取整张表格，选取方法是用鼠标单击表格区，此时在表格的左上角会出现一个"移动控点"，在右下方会出现一个"尺寸控点"，如图 3-62 所示。

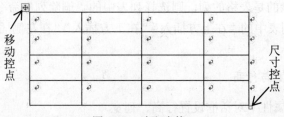

图 3-62　选取表格

接着对已选定的表格，可进行如下操作。

（1）移动：把鼠标指针移动到"移动控点"上，当指针头部出现四头箭头形状时，再拖动鼠标，即可把整张表格移动到所需要的位置。

（2）缩小和放大：把鼠标指针移到"尺寸控点"上，当指针变成斜向的双向箭头形状时，拖动鼠标，则可调整整张表格的大小。

（3）删除：单击"表格工具/布局"选项卡"行和列"组中的"删除"按钮，从列表中选择"删除表格"命令即可。

3．单元格的合并与拆分

对于一个表格，有时需要把同一行或同一列中两个或多个单元格合并起来，或者把一行或一列的一个或多个单元格拆分为更多的单元格。

合并或拆分单元格的方法如下。

（1）选择要进行合并或拆分的单元格。

（2）单击"表格工具/布局"选项卡"合并"组中的"合并单元格"或"拆分单元格"按钮，拆分单元格时，在图3-63中设置拆分成的行和列的数目，单击"确定"按钮即可完成。

图3-63　拆分单元格

4．输入表格内容

创建好一个空表之后，可将光标置于表格的任一个单元格内，然后向此单元格中输入文本，其输入方法与录入一般文本的方法相同。除了在表格内输入文本之外，Word还允许在表格内插入图形或其他表格。对表格中的数据进行操作时须注意如下几点。

（1）要删除单元格中的内容，可使用Delete键或退格键来消除字符。

（2）由于在Word中将每个单元格视为独立的处理单元，因此在完成该单元格录入后，不能按Enter键表示结束，否则会使该行加高。

（3）与其他文本一样，表格内的文本也可以进行查找、替换、复制、移动和删除等操作。

5．增加表格行与列

在表格的编辑中，可以使用"表格工具/布局"选项卡"行和列"组中的工具实现行与列的增删。例如，删除表格的行，可按如下步骤操作。

步骤1： 选中表格要删除的行。

步骤2： 单击"行和列"组中的"删除"按钮，在弹出的列表中选择"删除行"命令。

同样，如果删除的是表格的列，则选择列表中的"删除列"命令。若要增加表格的行与列，可选择下拉列表中的"在上方插入""在下方插入""在左侧插入"或"在右侧插入"命令。

6．调整表格列宽与行高

1）利用"表格属性"对话框设置行高、列宽

可以利用鼠标直接拖动的方式来调整行高或列宽，但对于要求精确地调整行高或列宽的，则可以利用"表格属性"对话框来完成此操作，操作步骤如下。

步骤1： 选定要调整的行或列。

步骤 2：单击"表格工具/布局"选项卡"表"组中的"属性"按钮，在弹出的"表格属性"对话框中选择"列"或"行"选项卡。然后在"指定高度"或"指定宽度"组合框中选择或输入一个所需要的行高值或列宽值，如图 3-64 和图 3-65 所示。

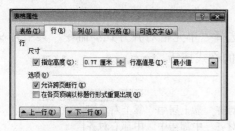

图 3-64　设置"行"选项卡

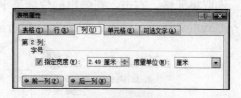

图 3-65　设置"列"选项卡

2）利用"自动调整"命令设置行高、列宽

步骤 1：选定要进行调整的行或列。

步骤 2：单击"表格工具/布局"选项卡"单元格大小"组中的"分布行"按钮 或"分布列"按钮 可以实现行和列的平均分布，还可以单击"自动调整"按钮，再从弹出的下拉列表中选择相应选项，如图 3-66 所示。

7. 绘制斜线表头

绘制斜线表头有以下两种方法可以实现。

（1）直接使用"表格和边框"工具栏中的"绘制表格"按钮画出斜线。

（2）单击"表格工具/设计"选项卡"表格样式"组中"边框"右侧的下三角按钮，在弹出的下拉列表中选择"斜下框线"命令，如图 3-67 所示。所绘制的表格如图 3-68 所示。

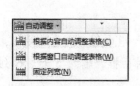

图 3-66　自动调整表格

图 3-67　插入"斜下框线"

图 3-68　绘制斜线表头

8. 重复表格标题

当一个表格很长并跨越多页时，往往需要在后续的页面上重复表格的标题，操作步骤如下。

步骤 1：选定要作为表格标题的一行或多行文本，其中应包括表格的第一行。

步骤 2：单击"表格工具/布局"选项卡"数据"组中的"重复标题行"按钮。

3.2.3 表格的美化

1. 表格内文本对齐方式的设置

选取单元格，右击，在弹出的快捷菜单中选择"单元格对齐方式"命令，其中有9种对齐方式可供选择，如图3-69所示，单击需要的格式按钮。

图3-69 单元格对齐方式

2. 表格边框和底纹的设置

为表格添加边框和底纹的操作方法与为文本添加边框和底纹的方法类似。

3. 表格自动套用格式

为了方便用户，Word提供了一些预设好的表格格式，在用户要创建表格时，可以根据需要直接套用这些表格格式，以便快速制作出实用而美观的表格。

步骤1： 选中整张表格，选择"表格工具/设计"选项卡，其中"表格样式"组中提供了预设格式列表框，如图3-70所示。

步骤2： 在预设格式列表框中选择第2行第1列样式，这时，原表格（见图3-71）自动套用了预设格式，效果如图3-72所示。

图3-70 "表格样式"组

姓名	性别	成绩
李四	男	96
王五	男	88

图3-71 原表格

姓名	性别	成绩
李四	男	96
王五	男	88

图3-72 自动套用格式表格

【例3-7】 制作个人简历。

步骤1： 新建一个Word文档。单击"插入"选项卡"表格"组中的"表格"按钮，在弹出的下拉列表中选择"插入表格"命令，弹出"插入表格"对话框，输入5行、6列，效果如图3-73所示。

步骤2： 合并部分单元格。选定要合并的单元格后右击，在弹出的快捷菜单中选择"合并单元格"命令，效果如图3-74所示。

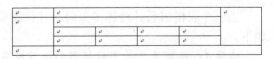

图3-73 插入表格　　　　　　　　图3-74 合并单元格

步骤 3：把光标移动到要改变列或行的边框线上，当鼠标指针变成双向箭头形状时，按住鼠标左键拖动调整列宽，调整后的效果如图 3-75 所示。

步骤 4：把光标定位到表格内部，单击"表格工具/设计"选项卡"绘图边框"组中的"绘制表格"按钮，使用鼠标手动添加 4 条竖线，效果如图 3-76 所示。

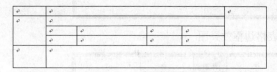

图 3-75　调整列宽　　　　　　　　　　　　图 3-76　手绘竖线

步骤 5：为表格添加文本，然后设置表格内容的对齐方式。选中整张表格，右击，在弹出的快捷菜单中选择"单元格对齐方式"命令，从中单击"水平居中"按钮，效果如图 3-77 所示。

图 3-77　设置文本对齐格式

步骤 6：设置表格的边框。单击"表格工具/设计"选项卡"表格样式"组中的"边框"按钮，在弹出的下拉列表中选择"边框和底纹"命令，弹出"边框和底纹"对话框。选择"边框"选项卡，选择"方框"选项，并设置外部边框的样式和颜色（绿色），如图 3-78 所示，接着选择"自定义"选项，设置内部边框的样式为第一个，颜色为"自动"，单击预览区域的内部边框线按钮 和 ，如图 3-79 所示，添加了绿色外部边框的效果，如图 3-80 所示。

图 3-78　设置表格外部边框　　　　　　　　图 3-79　设置表格内部边框

步骤 7：为表格中有文本的单元格添加底纹。选择要添加底纹的单元格，单击"表格工具/设计"选项卡"表格样式"组中的"底纹"按钮，在弹出的下拉列表中选择"主题颜色"为"橄榄色"，最终效果如图 3-81 所示。

姓名	↵		性别	↵		年龄	↵	
地址				↵				↵
	邮政编码		↵		电子邮件		↵	
	电　话		↵		传　真		↵	
应聘职位			↵					

图 3-80　设置表格边框效果图

姓名	↵		性别	↵		年龄	↵	
地址				↵				↵
	邮政编码		↵		电子邮件		↵	
	电　话		↵		传　真		↵	
应聘职位			↵					

图 3-81　最终效果图

3.2.4　表格与文本之间的转换

在 Word 中可以利用"转换为文本"和"文本转换成表格"命令，方便地进行表格和文本之间的转换，这对于使用相同的信息源实现不同的工作目标是非常有益的。

要实现文本转换为表格，只需选中文本，再单击"插入"选项卡"表格"组中的"表格"按钮，在弹出的下拉列表中选择"文本转换成表格"命令；要实现表格转换为文本，需要选中表格后，在"表格工具/布局"选项卡"数据"组中单击"转换为文本"按钮，在弹出的对话框中进行设置即可。下面通过一个实例来说明。

【例 3-8】将文本转换成为表格。

步骤 1：打开素材文档"收入列表.docx"，如图 3-82 所示。

某某学校工资表

（单位：元）

部门,职务,姓名,基本工资,奖金,住房补贴,饮食补贴,交通补贴,实发工资
教学部,系主任,刘红,3000,4600,300,200,149
保安部,保安,张明,1100,300,120,100,50
教学部,秘书,肖中,2000,1050,150,100,44
后勤部,员工,王兵,1000,1200,260,150,30
后勤部,员工,李职,900,1350,100,80,39
行政部,文员,李冰,1200,760,120,90,48
行政部,员工,赵云,800,740,100,80,40

图 3-82　工资表文本

步骤 2：选中要转换成表格的文本（表格标题除外），单击"插入"选项卡"表格"组中的"表格"按钮，在弹出的下拉列表中选择"文本转换成表格"命令，弹出"将文字转换成表格"对话框。选择文字分隔符为"逗号"，如图 3-83 所示，单击"确定"按钮，所选中的文本就转换成了表格，效果如图 3-84 所示。

图 3-83　"将文字转换成表格"对话框

某某学校工资表
（单位：元）

部门	职务	姓名	基本工资	奖金	住房补贴	伙食补贴	交通补贴	实发工资
教学部	系主任	刘红	3000	4600	300	200	149	
保安部	保安	张明	1100	300	120	100	50	
教学部	秘书	肖中	2000	1050	150	100	44	
后勤部	员工	王兵	1000	1200	260	150	30	
后勤部	员工	李职	900	1350	100	80	39	
行政部	文员	李冰	1200	760	120	90	48	
行政部	员工	赵云	800	740	100	80	40	

图 3-84　转换的表格效果

3.2.5　表格的排序和公式

1. 表格中排序的运用

在表格中选中需要排序的一列，单击"表格工具/布局"选项卡"数据"组中的"排序"按钮，在弹出的"排序"对话框中进行设置；或选中整张表格，在"排序"对话框中设置。

【例 3-9】按"计算机基础"成绩从低分到高分排序，计算机基础成绩相同的按"网页设计"成绩从低分到高分排序，"网页设计"成绩相同的按"多媒体基础"成绩从低分到高分排序。操作步骤如下。

步骤 1：绘制如图 3-85 所示的表格。选中整张表格，单击"表格工具/布局"选项卡"数据"组中的"排序"按钮，弹出"排序"对话框，设置"主要关键字"为"计算机基础、升序"，"次要关键字"为"网页设计、升序"，"第三关键字"为"多媒体基础、升序"，如图 3-86 所示。

学号	计算机基础	网页设计	多媒体基础
1	72	68	85
2	69	72	60
3	85	75	90

图 3-85　原始表格

步骤 2：单击"确定"按钮完成操作，最终效果如图 3-87 所示。

图 3-86　"排序"对话框

学号	计算机基础	网页设计	多媒体基础
2	69	72	60
1	72	68	85
3	85	75	90

图 3-87　排序后的表格

2. 表格中公式的运用

Word 还提供了在表格中计算数据的功能。

步骤 1：将光标定位在要添加计算结果的单元格中，单击"表格工具/布局"选项卡"数据"组中的"公式"按钮，弹出如图 3-88 所示的"公式"对话框。

步骤 2："公式"文本框会根据光标位置自动显示公式，"=SUM(ABOVE)"表示对插入点上面的数据求和。"公式"文本框中的格式是"=函数(运算范围)"，其中"函数"为计算所使用的函数；"(运算范围)"表示函数计算的范围，如"(LEFT)"为计算左面所有单元格的数据。

如果要改变运算的函数，从"粘贴函数"下拉列表框中选择即可。如果要改变计算范围，可以手动进行设置。单击"确定"按钮，光标所在的单元格中即添加了计算结果，效果如图 3-89 所示。

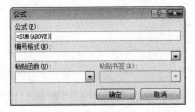

图 3-88　"公式"对话框

学号	计算机基础	网页设计	多媒体基础
2	69	72	60
1	72	68	85
3	85	75	90
	226	215	235

图 3-89　求和效果

任务实施

——完成表格的制作

步骤 1：单击"插入"选项卡"表格"组中的"表格"按钮，在弹出的下拉列表中选择"插入表格"，弹出"插入表格"对话框，在其中输入 18 行、14 列，单击"确定"按钮，即在光标处插入了一个 18 行 14 列的表格，如图 3-90 所示。

步骤 2：加大第一列表格和最后一列表格的列宽。将鼠标放在表格的第五条竖线上，当鼠标变成双向箭头时，向右拖动鼠标使第四列变宽，然后把鼠标放在表格的第四条竖线上，当鼠标变成双向箭头时，向右拖动鼠标使第三列变宽，依此类推，分别拖动第三、第二条竖线，最后将第一列列宽拖宽。同样，将倒数第二条竖线向左拖动，将最后一列列宽拖宽，如图 3-91 所示。

步骤 3：用鼠标选择第 2～13 列，在"表格工具/布局"选项卡"单元格大小"组中单击"分布列"按钮，这时第 2～13 列各列的列宽即相同，效果如图 3-92 所示。

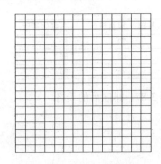　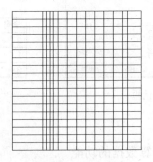　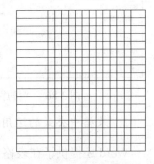

图 3-90　插入的表格　　　图 3-91　改变列宽　　　图 3-92　平均分布各列宽

步骤 4： 分别选择相应的单元格后，右击，在弹出的快捷菜单中选择“合并单元格”命令，效果如图 3-93 所示。

步骤 5： 将光标定位在第一个单元格中，单击“表格工具/设计”选项卡“表格样式”组中的“边框“按钮，在弹出的下拉列表中选择”斜下框线“命令，在第一单元格中插入斜线，如图 3-94 所示。

步骤 6： 最后在表格中输入相应的文本，效果如图 3-95 所示。

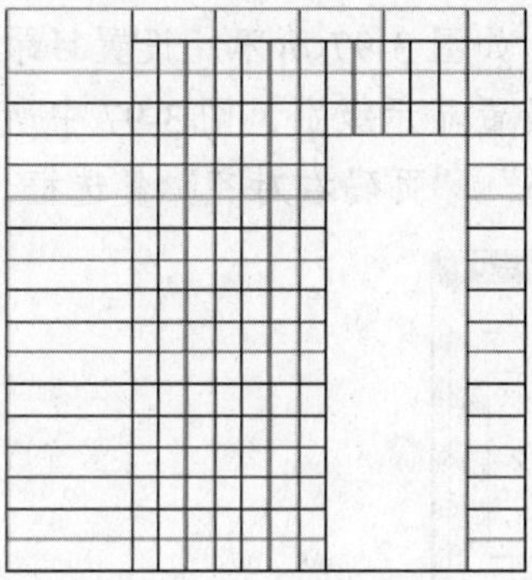

图 3-93　合并单元格

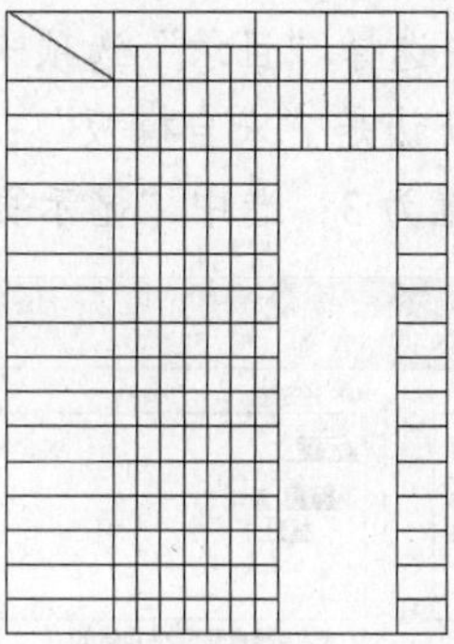

图 3-94　绘制表头斜线

八．实施规划和日程安排

月份进度 / 实施工作	第 1 月			第 2 月			第 3 月			第 4 月			所需时间
	上	中	下	上	中	下	上	中	下	上	中	下	
1　导入实施之教育训练	➡												1/2 天
2　诊断及编制实施规划	➡												1 天
3　成立推行委员会	➡						P-D-C-A 的循环　以落实为目的的过程						1/2 天
4　制定文件编制计划	➡												1/2 天
5　程序分析编制		➡											2 天
6　指导书分析编制		➡											2 天
7　手册分析编制		➡											1 天
8　期中检讨会议 A			➡										1/2 天
9　文件说明会议&考试			➡										2 天
10　全面实施及检讨修正				➡									4 天
11　顾问内部审核检讨修正				➡									3 天
12　外部审核及检讨修正				➡									3 天
13　期中检讨会议 B					➡								1/2 天
14　内部审核及检讨修正					➡								3 天
15　初评及检讨修正					➡								2 天
16　正式认证						➡							2 天

图 3-95　最后效果图

任务 3.3　制作宣传手册的目录

目录是长文档必不可少的组成部分，由文章各章节的标题和页码组成。手动添加目录，既麻烦又不利于以后的修改。Word 提供了自动生成目录的功能，方便快捷，而且便于修改。

3.3.1　建立目录

1．自动生成目录

为文档建立目录，建议最好利用标题样式，先给文档的各级标题指定恰当的标题样式，然后按如下步骤操作。

步骤 1： 打开素材文档“绘图方式.docx”，将文档中作为目录的各级标题设置成不同的标题样式。如图 3-96 所示，将一级标题第 5 章设置为“标题 1”样式，二级标题 5.1、5.2、5.3、5.4、5.5、5.6 等设置为“标题 2”样式，三级标题 5.2.1、5.2.2 等设置为“标题 3”样式。（注：这步很重要，各级标题要设置成统一的样式。）

步骤 2： 将光标移动到要插入目录的位置，如文档的首页。

步骤 3： 单击“引用”选项卡“目录”组中的“目录”按钮，在弹出的下拉列表中选择“插入目录”命令。

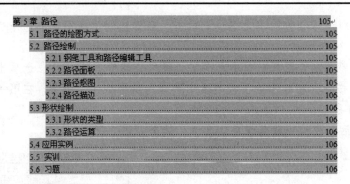

图 3-96　目录效果

步骤 4：在弹出的"目录"对话框中选择"目录"选项卡，如图 3-97 所示。设置目录的"格式"，如"优雅""流行"等，默认是"来自模板"；设置显示级别，图 3-97 中所示为三级目录结构，即"显示级别"设置为 3；选中"显示页码""页码右对齐"复选框。

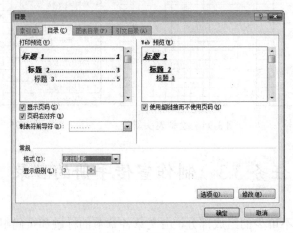

图 3-97　"目录"选项卡

2. 更新目录

如果文档中的标题发生了改变，如何更新目录呢？可以使用"更新域"命令来完成，操作过程如下。

在目录区域的任意位置右击，在弹出的快捷菜单中选择"更新域"命令，如图 3-98 所示，即可打开"更新目录"对话框，如图 3-99 所示。选中"更新整个目录"单选按钮，单击"确定"按钮即可完成目录的更新。也可以按 F9 键快速更新目录。

图 3-98　更新域

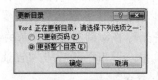

图 3-99　更新目录

3.3.2　建立索引目录

在文档中建立索引，就是需要将标记的字词列出来，并注明它们的页码。建立索引主要包含两个步骤。

步骤 1: 对需要创建索引的关键词进行标记，告诉 Word 哪些词参与索引的创建。

步骤 2: 创建索引。

【例 3-10】 下面举例说明建立文档的索引。

步骤 1: 打开素材文档"分析与识别.docx"，选择要建立索引的关键字/词，如"计算视觉"。

步骤 2: 单击"引用"选项卡"索引"组中的"标记索引项"按钮。

步骤 3: 在弹出的"标记索引项"对话框的"主索引项"文本框中可以看到已选择的字词"计算视觉"，如图 3-100 所示。

步骤 4: 将光标移动到要插入索引的位置，再单击"引用"选项卡"索引"组中的"插入索引"按钮，打开"索引"对话框，如图 3-101 所示。在"索引"选项卡中设置格式、类型和栏数等，然后单击"确定"按钮即可，最终效果如图 3-102 所示。

图 3-100　"标记索引项"对话框

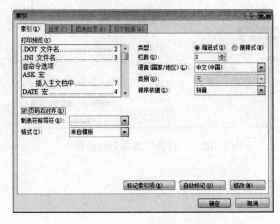

图 3-101　"索引"对话框

计算视觉 ....1↵　　　　图像 ....1↵

图 3-102　索引效果

任务实施

——完成文档目录的生成

步骤 1: 打开"企业推广 1.docx"文件，选择"文件"|"另存为"命令，将文件另存为"企业推广 2.docx"。

步骤 2: 用鼠标选择文档标题"一．企业文化"，在"开始"选项卡"样式"组中的

"样式"列表框中选择"标题1"选项，如图3-103所示，应用后的效果如图3-104所示。

图3-103　样式标题1　　　　　　　　　　　　　　　图3-104　样式效果

步骤3：选择设置成标题1的"一．企业文化"标题，双击"格式刷"按钮，使用格式刷去刷取其他8个标题，这时，选中的标题样式都被设置成了"标题1"样式。

步骤4：将光标定位在首页的第一行，单击"引用"选项卡"目录"组中的"目录"按钮，在弹出的下拉列表中选择"插入目录"命令，弹出"目录"对话框。选择"目录"选项卡，设置如图3-105所示，单击"确定"按钮，目录即被插入光标位置，效果如图3-106所示。

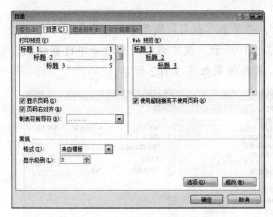

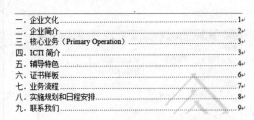

图3-105　"目录"选项卡的设置　　　　　　　　　图3-106　目录效果图

第 3 部分

Excel 2010 应用

情境 4　工资表中数据的计算

情境 5　工资表中数据的处理与分析

情 4 境

工资表中数据的计算

作为功能强大的电子表格软件，Excel 除了具有一般表格的处理功能外，还拥有强大的自动计算功能。在 Excel 中，能够快速地使用各种各样的公式和函数对数据进行准确的计算和分析。公式是对工作表中的数据进行计算和操作的式子，而函数则是公式使用中的一种内部工具，熟练运用公式和函数在进行数据计算时显得尤为重要。

在本学习情境中，需要运用 Excel 的公式与函数完成工资表中数据的计算，主要有以下两个工作任务。

任务 4.1   公式的应用
任务 4.2   函数的应用

任 务 描 述

在本情境中，利用 Excel 中的常用公式与函数对员工的工资进行计算。具体任务要求描述如下。

打开"员工工资情景2.xlsx"工作簿文件，完成下列工资表中数据的计算后按原文件名存盘。

1. 在"基本工资标准表"中完成下列操作

（1）在"部门工资"列计算每位员工的部门工资，计算方法如下：

如果员工职称是"助理工程师"，其部门工资为 3000 元；员工职称是"工程师"，其部门工资为 5000 元；员工职称是"高级工程师"，其部门工资为 7500 元；没有职称的员工其部门工资为 2000 元。

（2）在"职位工资"列计算每位员工的职位工资，计算方法如下：

如果职位是"部门经理"，其职位工资为 2000 元；开发工程师的职位工资为 1000 元；

程序员的职位工资为 800 元；职员和文员的职位工资为 500 元。

（3）在"基本工资"列计算每位员工的基本工资，计算方法如下：

基本工资=部门工资+职位工资

2．在"工龄工资标准表"中完成下列操作

（1）在"工龄"列根据"员工档案表"中的"入职日期"计算每位员工的工龄。

（2）在"工龄工资"列计算每位员工的工龄工资，计算方法是：每一年的工龄工资为 100 元。

3．在"加班费计算表"中完成下列操作

在"加班费"列中计算每位员工的加班费，计算方法是：按每小时基本工资的 3 倍计算，每个月按 30 天计算。

4．在"考勤月扣款明细表"中完成下列操作

在该表相应列计算扣款，计算方法是：事假 1 天扣除该天的基本工资，病假 1 天扣除该天基本工资的一半，迟到每分钟扣 5 元。

5．在"员工工资表"中完成下列操作

（1）利用 VLOOKUP 函数，从"基本工资标准表"中求出每位员工对应的基本工资。

（2）利用 VLOOKUP 函数，从"加班费计算表"中求出每位员工对应的加班补贴。

（3）在"扣保险"列中计算每位员工应扣的保险，计算方法如下：

保险费=养老保险+医疗保险+失业保险

其中，养老保险=基本工资×8%；医疗保险=基本工资×2%；失业保险=基本工资×1%。

（4）在"扣住房公积金"列中计算每位员工的住房公积金，计算方法如下：

住房公积金=基本工资×7%

（5）在"应发工资"列中计算每位员工的应发工资。

（6）利用 IF 函数，在"所得税"列计算每位员工的个人所得税，可根据表 4-1 所示的个人所得税税率表计算个人所得税（免征额为 5000 元）：

应纳税所得额=应发工资合计-扣保险-扣住房公积金

表 4-1　个人所得税税率表

级　数	每月应纳税所得额	税率/%
1	5000 元以下	0
2	5001～8000 元	3
3	8001～17000 元	10
4	17001～30000 元	20
5	30001～40000 元	25
6	40001～60000 元	30
7	60001～85000 元	35
8	超过 85000 元	45

（7）在"扣缺勤"列输入每位员工的缺勤扣款。

（8）在"实发工资"列中计算每位员工的实发工资。

（9）在"业绩奖金排名"列中用 RANK 函数计算每位员工的业绩排名情况，要求业绩奖金最高的排第一位。

6. 在"统计表"中完成下列操作

（1）在 B3:D7 单元格区域中分别统计基本工资、应发工资、实发工资的平均额、最高额、最低额及最高工资所对应的人名。

（2）在 B11:B14 单元格区域中用 COUNTIF 函数分别统计各职称的人数。

（3）在 F11:F14 单元格区域中用 FREQUENCY 函数统计 2000 元以下、2000～3999 元、4000～5999 元及 6000 元以上的人数。

（4）在 B19:B23 单元格区域中用 SUMIF 函数统计各部门的加班费的总和。

（5）在 E19:E21 单元格区域中分别统计事假、病假和迟到的人数。

（6）在 D28 单元格统计研发部的工程师的业绩奖金总和。

（7）在 D29 单元格统计技术支持部的工程师平均应发工资。

（8）在 D30 单元格统计研发部的男员工实发工资的最大值。

（9）在 D31 单元格统计市场部的男员工或研发部的高级工程师的最低实发工资。

（10）在 D32 单元格统计财务部的女助理工程师的人数。

最终数据计算结果如表 4-2 所示。其他表的数据计算效果见任务实施部分。

表 4-2　员工工资表

员工编号	姓名	基本工资	业绩奖金	交通补贴	加班补贴	扣保险	扣住房公积金	应发工资	所得税	扣缺勤	实发工资	业绩奖金排名
00001	李扬帆	5800	500	200	798	638	406	6254	38	387	5829	22
00002	张文飞	8300	900	300	1038	913	581	9044	194	69	8781	1
00003	何秋敏	8000	780	200	800	880	560	8340	124	267	7949	4
00004	贾莉莉	5800	800	600	0	638	406	6156	35	97	6024	3
00005	陈国栋	8000	850	200	700	880	560	8310	121	317	7872	2
00006	蔡佳伟	5800	650	500	181	638	406	6087	33	10	6044	10
00007	黄日晶	5400	590	200	439	594	378	5657	20	90	5547	18
00008	张可	7600	450	300	0	836	532	6982	59	10	6913	24
00009	王春荣	5400	750	200	608	594	378	5986	30	0	5956	5
00010	高大军	5100	660	300	0	561	357	5142	4	48	5090	9
00011	祝志强	5400	580	200	540	594	378	5748	22	0	5726	19
00012	邓喜顺	5800	600	300	399	638	406	6055	32	5	6018	15
00013	胡维海	5400	720	500	810	594	378	6458	44	0	6414	6
00014	孙小丽	2100	506	300	0	231	147	2528	0	70	2458	21
00015	姚兵	5800	700	300	290	638	406	6046	31	193	5822	7

任务 4.1　公式的应用

公式是一个执行计算的方程式，以"等号"（=）开始，可以包含运算符、数值、单元格引用、常量、区域名称和函数。公式在 Excel 中的应用非常灵活，经常和单元格的引用一起实现数据的计算。

4.1.1　公式的创建

公式是通过数学运算符（如"+""−""*""/""^"等）将数据、单元格地址及函数连接起来的式子。在公式中既可以引用同一个工作表中的其他单元格、同一工作簿不同工作表中的单元格，也可以引用不同工作簿的不同工作表中的单元格。

1. 运算符

运算符用于对公式中的数据进行特定类型的运算。在 Excel 中，通常将运算符分为算术运算符、关系运算符、文本连接运算符和引用运算符 4 类。

1）算术运算符

算术运算符用于完成基本的数学运算，如加、减、乘、除等。算术运算符如表 4-3 所示。

表 4-3　算术运算符

运　算　符	说　　明	示　　例	运　算　符	说　　明	示　　例
+	加法运算	=60+75	−	取负（负号）	=−5
−	减法运算	=65−5	^	乘幂	=3^2
*	乘法运算	=5*4	%	百分比	=60%
/	除法运算	=14/3			

2）关系运算符

关系运算符用于比较两个数值的大小，其计算结果为逻辑值 TRUE 或 FALSE。关系运算符常用在条件运算中，通过比较两个数据的大小，再根据结果来判断下一步的计算。比较运算符如表 4-4 所示。

表 4-4　关系运算符

运　算　符	说　明	示　　例	运　算　符	说　　明	示　　例
>	大于	10>5 结果为 TRUE	<=	小于或等于	10<=5 结果为 FALSE
<	小于	10<5 结果为 FALSE	=	等于	"A"="a"结果为 TRUE
>=	大于或等于	10>=5 结果为 TRUE	<>	不等于	"A"<>"a"结果为 FALSE

3）文本连接运算符

文本连接运算符"&"用于将文本（即字符串）连接起来。如果使用文本连接运算符，那么单元格中的内容将按照文本类型来处理。例如，在 A1 单元格中输入"="abc"&"123""，则结果为""abc123""；如果输入"="abc"&123"，结果仍为""abc123""。即使是输入"=12&34"，结果仍为""1234""。因此，在用文本运算符连接数字时，数字两边的引号可以省略，连接字符时则两边的引号不能省略。

4）引用运算符

引用运算符用于表示单元格在工作表中位置的坐标集，为计算公式指明引用单元格的位置。引用运算符如表4-5所示。

表4-5　引用运算符

运 算 符	说 明	示 例
:	区域运算符，包括两个引用单元格之间的所有单元格	=SUM(B2:D2)，表示求单元格区域 B2:D2 中所有数值的和
,	联合运算符，将多个区域联合为一个引用	=SUM(B2:D2,F2)，表示求单元格区域 B2:D2 和 F2 单元格中所有数值的和
空格	交叉运算符，取两个区域的公共单元格	=SUM(B2:D3 C1:C4)，表示求公共单元格 C2、C3 中数值的和

2. 运算符的优先级

运算公式中如果使用了多个运算符，那么将按照运算符的优先级由高到低进行运算，对于同级别的运算符将从左到右进行运算，对不同级别的运算符则从高到低进行运算。总体的运算符的优先级是：引用运算符→算术运算符→文本运算符→关系运算符（左边的优先于右边的）。

运算符的优先级如表4-6所示。

表4-6　运算符的优先级

运 算 符	优先级（从高至低）
区域（冒号）、联合（逗号）、交叉（空格）	引用运算符　高
−	负号
%	百分号
^	乘幂
*、/	乘、除
+、−	加、减
&	文本运算符
<、>、>=、<=、=、<>	比较运算符　低

3. 公式的输入

在单元格中输入公式，必须先输入一个"="开头，然后再输入公式，公式中可以包含各种运算符、常量、变量、单元格引用以及函数等。公式可以引用同一工作表中的单元格，也可以引用同一工作簿中不同工作表中的单元格，甚至是引用其他工作簿的工作表中的单元格。当输入一个公式后，可以将公式复制到其他单元格，复制公式可以用选择性粘贴，还可以利用填充柄进行公式的复制。

将鼠标指针移向所选定单元格的右下角时，鼠标指针由空心的大十字号"✛"变成黑色的实心十字号"✚"，该十字号称为填充柄。按住鼠标左键不放拖动填充柄可以将所选定单元格的内容复制到相邻单元格中，或双击填充柄也可以实现快速往下复制公式（但该列左边必须有数据）。

【例 4-1】打开 Excel4-1.xlsx 工作簿文件，在 Sheet1 的“总分”列用公式求出每个学生的总分，在“平均分”列求出每个学生的平均分。公式效果如图 4-1 所示。操作步骤如下。

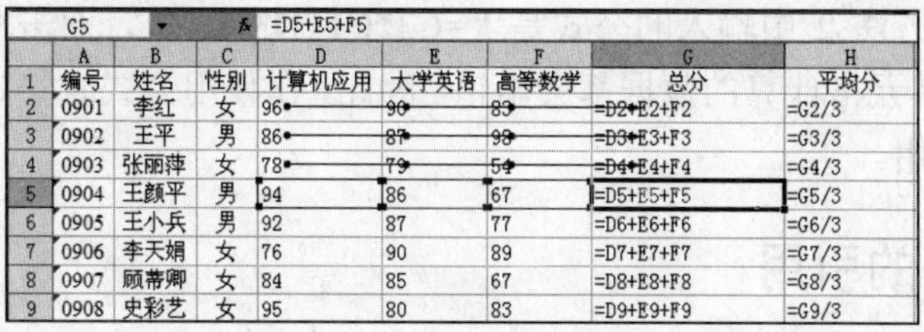
G5 =D5+E5+F5

	A	B	C	D	E	F	G	H
1	编号	姓名	性别	计算机应用	大学英语	高等数学	总分	平均分
2	0901	李红	女	96	90	83	=D2+E2+F2	=G2/3
3	0902	王平	男	86	87	98	=D3+E3+F3	=G3/3
4	0903	张丽萍	女	78	79	54	=D4+E4+F4	=G4/3
5	0904	王颜平	男	94	86	67	=D5+E5+F5	=G5/3
6	0905	王小兵	男	92	87	77	=D6+E6+F6	=G6/3
7	0906	李天娟	女	76	90	89	=D7+E7+F7	=G7/3
8	0907	顾蒂卿	女	84	85	67	=D8+E8+F8	=G8/3
9	0908	史彩艺	女	95	80	83	=D9+E9+F9	=G9/3

图 4-1 用公式计算总分和平均分

步骤 1：单击 G2 单元格，在编辑栏中输入“=D2+E2+F2”，按 Enter 键，或单击编辑栏上的✔按钮。拖动填充柄至 G21 单元格，或双击 G2 单元格的填充柄往下填充。

步骤 2：单击 H2 单元格，在编辑栏中输入“=G2/3”，按 Enter 键。拖动填充柄至 H21 单元格，或双击 H2 单元格的填充柄往下填充。

在本例中，首先求出一个单元格的值，然后通过拖动填充柄将该单元格的公式复制到其他单元格中。另外，还可以利用数组的方法一次求出多个单元格的值，这就是使用数组的方法。操作步骤如下。

步骤 1：选定 G2:G21 单元格区域。

步骤 2：在编辑栏中输入“=”，然后选择 D2:D21 单元格区域，输入“+”号，选择 E2:E21 单元格区域，再输入“+”号，选择 F2:F21 单元格区域（以后简写成输入公式“=D2:D21+E2:E21+F2:F21”）。

步骤 3：输入完后，按 Shift+Ctrl+Enter 组合键确定。注意不能直接按 Enter 键确定。最终效果如图 4-2 所示。

由上例可知，用数组的方法计算会在公式两端用大括号括起来。数组计算的结果，不能删除数组中的某一个单元格，要删除，则需选择计算结果所在的单元格区域，如果只删除某一个单元格，会弹出一个对话框提示“不能更改数组的某一部分”。用数组同样可以计算平均分：选定 H2:H21 单元格区域，在编辑栏中输入“=G2:G21/3”，按 Shift+Ctrl+Enter 组合键确定即可。

【例 4-2】打开 Excel4-2.xlsx 工作簿文件，在 Sheet1 的 E1:E20 单元格区域中求出每个学生的期评分数，计算公式为“期评分数=平时成绩×40%+期末成绩×60%”。效果如图 4-3 所示。

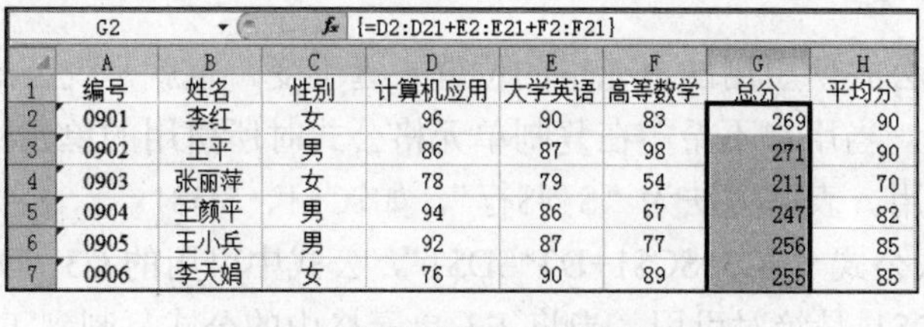
G2 {=D2:D21+E2:E21+F2:F21}

	A	B	C	D	E	F	G	H
1	编号	姓名	性别	计算机应用	大学英语	高等数学	总分	平均分
2	0901	李红	女	96	90	83	269	90
3	0902	王平	男	86	87	98	271	90
4	0903	张丽萍	女	78	79	54	211	70
5	0904	王颜平	男	94	86	67	247	82
6	0905	王小兵	男	92	87	77	256	85
7	0906	李天娟	女	76	90	89	255	85

图 4-2 用数组的方法计算总分

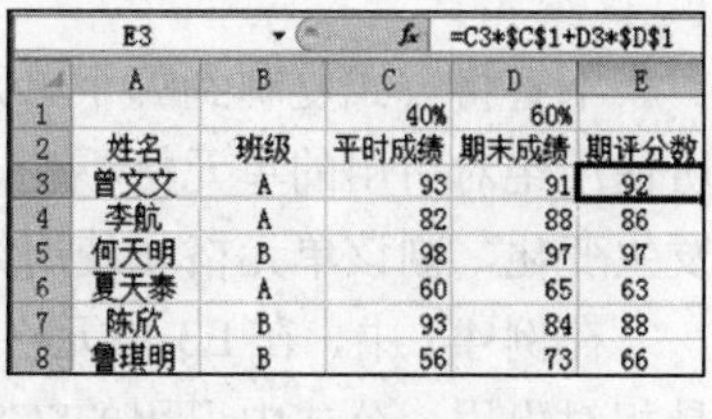
E3 =C3*$C$1+D3*$D$1

	A	B	C	D	E
1			40%	60%	
2	姓名	班级	平时成绩	期末成绩	期评分数
3	曾文文	A	93	91	92
4	李航	A	82	88	86
5	何天明	B	98	97	97
6	夏天泰	A	60	65	63
7	陈欣	B	93	84	88
8	鲁琪明	B	56	73	66

图 4-3 单元格引用

方法1：单击 E3 单元格，在编辑栏中输入公式"=C3*0.4+D3*0.6"，双击填充柄往下填充。数字在公式中不会随着公式的复制而变化，而单元格会变化。

方法2：单击 E3 单元格，在编辑栏中输入公式"=C3*$C$1+D3*$D$1"，双击填充柄往下填充。注意观察加了"$"符号的单元格在所有公式中不会变化。

思考：如果在方法2中输入的公式是"=C3*C1+D3*D1"，双击填充柄往下填充时，除 E3 之外的所有单元格计算的数据都会出错。因此，在使用公式时一定要注意单元格引用在公式中的灵活运用。

4.1.2 单元格的引用

公式中经常要引用一些单元格，以方便将公式复制到其他单元格时使自动公式发生变化，从而实现 Excel 中数据的快速计算。

1. 相对引用

相对引用也称相对地址，复制公式时，公式所引用的单元格会随公式位置的变化而自动变化，但公式所在的单元格与其所引用的单元格的相对位置保持不变。相对引用表示方法为"列行"，如"=D2+E2+F2"。

例如，例 4-1 中，G2 单元格输入的公式是"=D2+E2+F2"，此格式为相对引用，当拖动填充柄复制该公式到 G3 单元格时，公式自动更新为"=D3+E3+F3"，保证 D3、E3、F3 与 G3 单元格的相对位置同 D2、E2、F2 与 G2 单元格的相对位置不变，所引用的单元格都在公式所在单元格同一行的左边3个单元格。

又如，在 C4 单元格输入公式"=A2+E7"，当将公式复制到 G5 单元格时，公式更新为"=E3+I8"，如图 4-4 所示，可见 C4 与 A2、E7 的相对位置同 G5 与 E3、I8 的相对位置不变。若在图 4-4 中删除 B 列，则原来的 C4 单元格则成了 B4 单元格，原来的 G5 单元格则成了 F5 单元格；则 B4 单元格中的公式为"=A2+D7"；F5 单元格中的公式为"=D3+H8"，如图 4-5 所示。

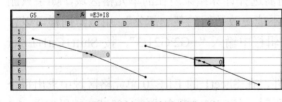
图 4-4 相对引用应用

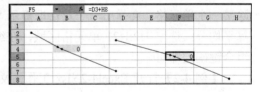
图 4-5 删除 B 列后的效果

2. 绝对引用

不管将公式复制到哪个单元格，公式所引用的单元格的位置永远不变，也就是说公式所使用绝对引用的单元格不变。因此，当用户不希望在复制单元格公式时所引用的单元格发生变化，则该单元格就使用绝对引用。表示方法为"$列$行"，如$C$1、$D$1。

在例 4-1 中，在 E3 单元格中输入公式"=C3*$C$1+D3*$D$1"，公式中引用的 C3、D3 是相对引用，公式中引用的$C$1、$D$1 是绝对引用。当将 E3 单元格中的公式复制到 E4

单元格时，所引用的 C3、D3 变成 C4、D4，保证相对位置不变，而公式所用的$C$1、$D$1 不变，如图 4-6 所示，所有公式中使用绝对引用的单元格都不会变化。

📖 在编辑栏中选择单元格，再按 F4 键，系统会自动添加"$"符号，成为绝对引用。

3. 混合引用

混合引用是相对引用和绝对引用的混合使用。在进行公式复制时，公式中相对引用的部分按相对引用的定义变化，而绝对引用的部分保持不变。表示方法为"$列行"（列不变行变，但行的相对位置不变）或"列$行"（列变行不变，但列的相对位置不变）。

【例 4-3】打开 Excel4-3.xlsx，制作简易的九九乘法表。操作步骤如下。

步骤 1： 在 B2 单元格中输入"=$A2*B$1"。

步骤 2： 将 B2 单元格中的公式复制到如图 4-7 所示的单元格区域中，即可完成九九乘法表的制作。

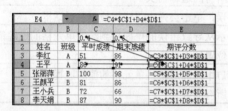

图 4-6　绝对引用应用

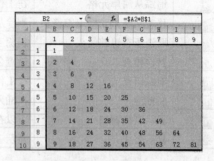

图 4-7　混合引用

本例中 A 列不变，因此，A 列前加$；第 1 行不变，所以第 1 行前加$。

4.1.3　公式中的错误信息

1. 公式中常见的出错信息提示

在使用公式的过程中，经常会导致公式出现一些错误信息的提示。如表 4-7 所示列出了一些常见的错误信息及详情。

表 4-7　常见错误信息

错 误 信 息	详　　　　情	错 误 信 息	详　　　　情
#####	单元格的数据长度超过了列宽	#NAME?	公式中使用了未经定义的文字内容
#DIV/0!	公式、函数中出现被 0 除的情况	#NULL!	公式、函数中使用了没有相交的区域
#REF!	公式、函数中引用了无效的单元格	#NUM!	公式、函数中某个数字有问题
#VALUE!	公式、函数中操作数的数据类型不对	#N/A	引用了不能识别的名称

2. "审核"工具追踪错误

当公式、函数的计算结果出现错误时，使用 Excel 提供的"公式审核"功能，可以有效地查找和分析错误的来源。在"公式"选项卡下选择"公式审核"组，打开如图4-8所示的"公式审核"工具栏。

图4-8 "公式审核"工具栏

"公式审核"工具栏中，各按钮的功能如表4-8所示。

表4-8 "公式审核"工具栏中按钮的说明

图 标	名 称	功 能
	追踪引用单元格	在工作表中显示从所引用单元格到活动单元格的追踪箭头
	移去引用单元格追踪箭头	删除指向活动单元格的追踪箭头
	追踪从属单元格	在工作表中显示从活动单元格到所引用单元格的追踪箭头
	移去从属单元格追踪箭头	删除从活动单元格引出的追踪箭头
	取消所有追踪箭头	删除工作表中所有的追踪箭头
	错误检查	检查公式的错误，单击会弹出"错误检查"对话框
	追踪错误	在工作表中显示从导致错误的单元格到活动单元格的追踪箭头
	新批注	在插入点所在位置插入批注
	显示监视窗口	可以在监视窗口中添加对某些单元格的值的监视
	显示公式	显示工作表中所有的公式

4.1.4 公式中名称的应用

1. 名称的定义

在 Excel 操作中，可以对单元格或单元格区域进行命名，以方便定位和计算。定义名称的方法有两种：一种是利用编辑栏中的名称框定义，另一种是使用"名称管理器"命令。

2. 名称在公式中的应用

【例4-4】打开 Excel4-4.xlsx 工作簿文件，在 Sheet1 的 H2 单元格中使用名称的方法计算所有销售人员全年的销售总额。

在该例中，可以对 F4:F10 单元格区域定义名称，假设取名称为 total，也可以对 B4:E10 单元格区域定义名称。现以 F4:F10 单元格区域为例，操作步骤如下。

步骤1： 定义 F4:F10 单元格区域的名称。选定 F4:F10 单元格区域，在名称框中输入"total"后按 Enter 键确认，如图4-9所示。或选定 F4:F10 单元格区域，单击"公式"选项卡"定义的名称"组中的 定义名称▾ 按钮，弹出如图4-10所示的"新建名称"对话框，在"名称"文本框中输入名称"total"，单击"确定"按钮。

单击"名称管理器"按钮 ，弹出如图4-11所示的"名称管理器"对话框，在该对话框中可以编辑、删除名称。

	A	B	C	D	E	F
	销售与提成一览表					
2						
3	销售人员	第一季度	第二季度	第三季度	第四季度	全年
4	贺 寒 锐	40124	34578	15434	17896	108032
5	冯　雨	35478	15463	21398	21458	93797
6	陈　醉	24852	46231	12547	18625	102255
7	黄　泰	35546	42144	24578	13547	115815
8	杨　培	11859	35871	27461	31468	106659
9	姚　斌	27952	28964	39814	24815	121545
10	肖　奕	40124	46231	39814	31468	157637

图 4-9   "名称框"的使用

图 4-10   "新建名称"对话框

步骤 2：单击 H2 单元格，在编辑栏中输入公式"=SUM(total)"，按 Enter 键，名称应用效果如图 4-12 所示。

图 4-11   "名称管理器"对话框

	H2			=SUM(total)				
	A	B	C	D	E	F	G	H
1	销售与提成一览表							
2							全年销售总额	805740
3	销售人员	第一季度	第二季度	第三季度	第四季度	全年		
4	贺 寒 锐	40124	34578	15434	17896	108032		
5	冯　雨	35478	15463	21398	21458	93797		
6	陈　醉	24852	46231	12547	18625	102255		

图 4-12   名称应用效果

任务 4.2   函数的应用

在 Excel 中除了运用公式来计算大量数据外，还经常利用函数运算来提高工作的效率。函数是 Excel 中预定的公式，Excel 提供了大量的函数，包括常用函数、条件统计函数、数学函数、财务函数、统计函数、查找函数、日期与时间函数、逻辑函数和字符函数等。大量复杂计算都要通过工作表函数来完成。函数的一般格式是：(函数名)(<参数 1>,<参数 2>,…)。

- 函数名：函数必有函数名，这是函数的标识。
- 参数的个数和数据类型：在一个函数中，每个参数的数据类型都有明确规定，参数本身也可以是函数，也就是说函数可以嵌套，最多可嵌套 7 层。
- 返回值：即函数的运算结果，在函数的嵌套中尤其要注意函数的返回值。
- 单元格的引用：函数的参数要注意单元格的引用问题。

4.2.1   函数的输入方法

函数的输入与公式一样，输入函数时也必须以等号（＝）开头。输入函数有以下几种方法。

（1）通过"插入函数"按钮 *fx* 来输入函数。

步骤 1：单击编辑栏中的"插入函数"按钮 *fx*，弹出如图 4-13 所示的"插入函数"对话框。

步骤 2：在"插入函数"对话框中选择所需的函数名，或在"搜索函数"文本框中输入函数名，单击"转到"按钮，弹出"函数参数"对话框，如图 4-14 所示。

步骤 3：在"函数参数"对话框中设置好参数。

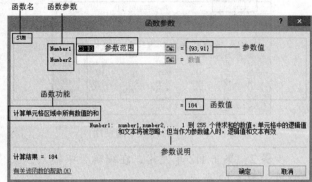

图 4-13 "插入函数"对话框   图 4-14 "函数参数"对话框

步骤 4：单击"确定"按钮，或按 Enter 键，或单击编辑栏中的"输入"按钮✔。

> 如果一个公式同时需要求出多个单元格的值，可以使用数组的方法，此时不能按 Enter 键确认，而应该按 Shift+Ctrl+Enter 组合键确认。

（2）在编辑栏中输入"="号后，编辑栏最左边的名称框成为函数名列表框，如图 4-15 所示。在下拉列表中选择函数名，如果没有所需的函数，则选择"其他函数"，弹出"插入函数"对话框，如图 4-13 所示。选择合适的函数，然后在弹出的"函数参数"对话框中设置参数，单击右边各参数的折叠按钮，选择要计算的数据区域。

（3）单击"开始"选项卡中的"自动求和"按钮 Σ 旁边的下三角按钮，选择所需的函数，如图 4-16 所示，然后选择要统计的数据区域；如果没有所需的函数，选择"其他函数"命令弹出"插入函数"对话框。

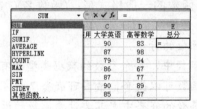

图 4-15 函数下拉列表   图 4-16 "自动求和"下拉列表

（4）直接输入"="号后再输入函数名和所有参数。

> **使用技巧**：学会在"插入函数"对话框中去掌握每个函数的使用方法，在"插入函数"对话框中了解函数中参数的个数和每个参数的使用方法，在每个参数后面的文本框中选择数据区域或输入参数。学会通过调用 Excel 的帮助学习函数的使用。

4.2.2 函数的应用

1．常用函数

1）求和函数 SUM

【语法】SUM(Number1,Number2,...)

【功能】计算各参数中的数值的和或所选定单元格区域中数值的和。

【说明】Number1,Number2,...为 1～30 个需要求和的参数。每个参数可以是数值、单元格引用或函数。

2）求平均值函数 AVERAGE

【语法】AVERAGE(Number1,Number2,...)

【功能】计算各参数中的数值的平均值或所选定单元格区域中数值的平均值。

【说明】Number1,Number2,...为需要计算平均值的 1～30 个参数。每个参数可以是数值、单元格引用或函数。文本、空白单元格或逻辑值被忽略。

3）求最大值函数 MAX

【语法】MAX(Number1,Number2,...)

【功能】计算各参数中的数值的最大值或所选定单元格区域数值的最大值。

【说明】参数可以是数字、空白单元格、逻辑值或数字的文本表达式。如果参数中不包含数字，则返回 0。

4）求最小值函数 MIN

【语法】MIN(Value1,Value2,...)

【功能】计算各参数中的数值的最小值或所指定单元格区域的数值的最小值。

【说明】参数可以是数字、空白单元格、逻辑值或数字的文本表达式。如果参数中不包含数字，则返回 0。

5）求数字项的个数函数 COUNT

【语法】COUNT(Value1,Value2,...)

【功能】计算各参数中数字的个数或所指定单元格区域的数字项的个数。

【说明】参数中只有数字类型的数据才被统计，空白单元格和非数字类型数据均不被统计。

6）求数据项的个数函数 COUNTA

【语法】COUNTA(Value1,Value2,...)

【功能】计算参数中数据的个数或所指定单元格区域的数据项的个数。

【说明】参数中任何类型的数据均被统计，空白单元格不被统计。

📖　① 上述函数中的每个参数可以是数值、单元格引用或函数。② COUNT 函数和 COUNTA 函数的区别是：COUNT 函数统计的是数字的个数，而 COUNTA 函数统计的是数据的个数（包括数值型、字符型、逻辑型以及日期型等数据项的个数）。二者的相同点是：空白单元格不统计。③ 函数中所有的参数、标点符号都必须是英文状态下输入的。

【例 4-5】打开 Excel4-5.xlsx 工作簿文件，在 Sheet1 中完成下列操作后以原文件名保存。最终效果如图 4-23 所示。

（1）在"总分"列中求出每位学生的总分。

（2）在"平均分"列中求出每位学生的平均分。

（3）在 J4:L4 单元格区域中分别求出各科成绩的平均分。

（4）在 J5:L5 单元格区域中分别求出各科成绩的最高分。

（5）在 J6:L6 单元格区域中分别求出各科成绩的最低分。

（6）在 J7:L7 单元格区域中分别求出各科的实考人数。

（7）在 J8:L8 单元格区域中分别求出各科的缺考人数。

（8）在 K9 单元格中求出 3 个班的总人数。

操作步骤如下。

步骤 1：

方法 1：选定要计算的 G2 单元格，单击 f_x 按钮，在"插入函数"对话框中选择 SUM，单击"确定"按钮，弹出"函数参数"对话框，如图 4-17 所示。重选单元格 Number1 的参数范围 D2:F2（或单击 Number1 参数后面的折叠按钮 📷，重选单元格区域 D2:F2），单击"确定"按钮。双击（或拖动）G2 的填充柄往下填充至 G22（即将公式复制到了 G22 单元格）。

方法 2：快速自动求和方法，单击"开始"选项卡"编辑"组中的"快速求和"按钮 Σ，此时会自动选取函数左边有数字的单元格区域 B2:F2，由于 B2 和 C2 不是要计算的成绩不能选，因此重选单元格区域 D2:F2，覆盖原区域，最后按 Enter 键，或单击"输入"按钮 ✔。

方法 3：选定 G2 单元格，在编辑栏中直接输入函数"=SUM(D2:F2)"，然后双击填充柄往下填充。

步骤 2：按方法 1 选择 H2 单元格，选择 AVERAGE 函数，参数 Number1 仍然为 D2:F2（即求 D2:F2 单元格区域的平均值），如图 4-18 所示，单击"确定"按钮；或选择 H2 单元格，在编辑栏中输入函数"=AVERAGE(D2:F2)"，双击填充柄往下填充。

图 4-17　SUM 函数对话框　　　　　图 4-18　AVERAGE 函数对话框

步骤 3：选择 J4 单元格，与步骤 2 求平均分相同，将 AVERAGE 函数对话框中的 Number1 参数改选为 D2:D22，或在编辑栏中输入函数"=AVERAGE(D2:D22)"，拖动填充柄至 L4 单元格。

步骤 4：选择 J5 单元格，单击 f_x 按钮，选择 MAX 函数，在如图 4-19 所示对话框中设置 Number1 参数范围为 D2:D22，单击"确定"按钮；或直接在编辑栏中输入函数"=MAX(D2:D22)"，拖动填充柄至 L5 单元格。

步骤 5：选择 J6 单元格，单击 f_x 按钮，选择 MIN 函数，在如图 4-20 所示对话框中设置 Number1 参数范围为 D2:D22，单击"确定"按钮；或直接在编辑栏中输入函数"=MIN(D2:D22)"，拖动填充柄至 L6 单元格。

步骤 6：选择 J7 单元格，单击 f_x 按钮，选择 COUNT 函数，在如图 4-21 所示对话框中设置 Number1 参数范围为 D2:D22，或直接在编辑栏中输入函数"=COUNT(D2:D22)"，拖动填充柄至 L7 单元格。

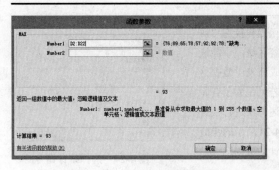

图 4-19　MAX 函数对话框

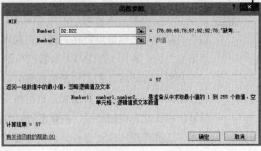

图 4-20　MIN 函数对话框

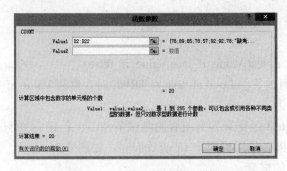

图 4-21　COUNT 函数对话框

步骤 7： 在 J8 单元格中输入函数“=COUNTA(D2:D22)-COUNT(D2:D22)”，拖动填充柄至 L8 单元格，如图 4-22 所示。

J8　=COUNTA(D2:D22)-COUNT(D2:D22)

	A	B	C	D	E	F	G	H	I	J	K	L
1	姓名	班别	年龄	大学英语	高等数学	计算机	总分	平均分		各科成绩统计表		
2	蓝　静	1	20	76	78	78	232	77.33				
3	廖剑锋	2	20	89	67	87	243	81.00		大学英语	高等数学	计算机
4	蓝志福	3	19	65	缺考	52	117	58.50	平均分	79	78	73
5	古　琴	3	21	78	91	65	234	78.00	最高分	93	93	98
6	朱莉莎	2	19	57	78	55	190	63.33	最低分	57	57	40
7	刘国敏	1	20	92	93	85	270	90.00	实考人数	20	19	21
8	陈永强	3	21	92	88	90	270	90.00	缺考人数	1	2	0
9	李文如	2	20	78	86	70	234	78.00	三个班的总人数		21	
10	肖　毅	1	19	缺考	65	88	153	76.50				

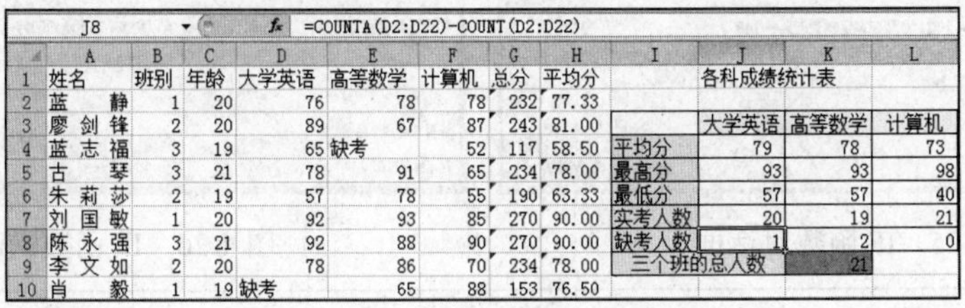

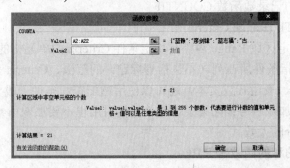

图 4-22　常用函数效果图

步骤 8： 选择 K9 单元格，同步骤 6，将函数名改为 COUNTA 即可，如图 4-23 所示；或输入函数“=COUNTA(A2:A22)”或“=COUNT(D2:D22)”（统计范围数据区任何一列均可）。

图 4-23　COUNTA 函数对话框

📖 在统计 3 个班的总人数时，若用 COUNT 函数只能选"班别""年龄"等数值型数据的任一列的内容区域，不能选"姓名"列；若用 COUNTA 函数则可选成绩表中数据区任一列的内容区域（都不包括列标题）。若只是为了查看统计结果，而不需要计算出来，也可按下述方法进行快速统计：右击状态栏统计区，在弹出的如图 4-24 所示的快捷菜单中选择相应的统计命令，再选定要统计的数据区域，在状态栏即可看到统计结果。

图 4-24　选择统计命令

2. 条件统计函数

1）条件函数 IF

【语法】IF(Logical_test,Value_if_true,Value_if_false)

【功能】当逻辑测试条件 Logical_test 为 TRUE 时，返回 Value_if_true 的结果，否则返回 Value_if_false 的结果。

【说明】Logical_test 是结果为真或假的测试条件。一个 IF 函数只能得到两种结果，如图 4-25 所示，3 种结果必须用到两个 IF 函数嵌套，如图 4-26 所示。因此要得到多种情况的结果，必须用到 IF 的嵌套。

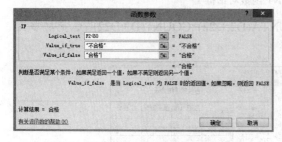

图 4-25　IF 函数对话框　　　　　　　　　　图 4-26　IF 函数的嵌套

📖 注意：IF 函数嵌套是指参数 Value_if_true 和 Value_if_false 本身又是一个 IF 函数，一般放到 Value_if_false 参数中去嵌套 IF 函数，嵌套 IF 函数时，只需将光标定位到 Value_if_false 参数，单击名称框中的 IF 函数即可。IF 的嵌套最多只能套 7 层。

2）求满足条件的记录数函数 COUNTIF

【语法】COUNTIF(Range,Criteria)

【功能】计算给定区域 Range 内满足特定条件 Criteria 的单元格的数目（记录个数）。

【说明】Range 指条件所在列（不包括列标题）的范围，Criteria 是指条件，条件可以是数字、单元格引用、表达式或文本，还可以使用通配符。条件一般要加双引号，但数字作为条件时，可以不加双引号；如果条件是单元格引用也不要加双引号。如图 4-27 所示为统计平均分大于 85 分的人数。

3）求满足条件的和的函数 SUMIF

【语法】SUMIF(Range,Criteria,Sum_range)

【功能】根据指定条件对满足条件的单元格的数据求和。

【说明】Range 是指用于条件判断的单元格区域，Criteria 是指条件，条件可以是数字、单元格引用、表达式或文本，Sum_range 是指需要求和的实际单元格区域。只有当 Range 中的单元格区域满足条件 Criteria 时，才对 Sum_range 中相应的单元格区域求和。如果省略 Sum_range，则直接对 Range 中的单元格区域求和。如图 4-28 为统计 2 班的平均分的总和。

图 4-27　COUNTIF 函数

图 4-28　SUMIF 函数

【例 4-6】打开 Excel4-6.xlsx 工作簿文件，完成下列操作后以原文件名保存。

（1）在 Sheet1 的"等级"列给每位学生划分等级，如果平均分在 60 分以下为"不合格"，平均分在 60 分及以上为"合格"。

（2）在 Sheet2 的 F3:F9 单元格区域中完成操作，若总分大于等于 300 分为上线，否则为落榜。

（3）在 Sheet3 的 F4:F10 单元格区域中完成操作，当总分大于等于 300 分时，"升级情况"设置为 H4 单元格的数值，否则"升级情况"设置为 H5 单元格的数值。当 H4 或 H5 的值被修改时，"升级情况"列的值也会被同时修改。

（4）在 Sheet4 的单元格 G3 中输入公式计算该人员的提成额：上半年的销售额大于等于 60000，则上半年将按 20%提成，否则上半年按 10%提成；而下半年的销售额大于等于 50000，则下半年将按 40%提成，否则下半年按 30%提成；上半年提成额与下半年提成额的和为该人的年终提成额，然后复制到 G4:G8 单元格区域，数值取小数点后 1 位。

（5）在 Sheet5 的 F3:F17 单元格区域中输入公式计算税金：年收入在 15000 元及以下者扣税金 3%，年收入在 15000～20000 元（包括 20000 元）者扣税金 6%，年收入在 20001 元及以上者扣税金 10%，然后复制到 G4:G17 单元格区域，"税金"的数值取小数点后 2 位。

（6）在 Sheet6 的 F4:F15 单元格区域中用公式或函数计算每位学生 4 科成绩的总分，总分计算规则为语文、数学和英语的总和加上体育成绩，体育成绩折算标准为：优秀为 10 分，良好为 8 分，合格为 4 分，不合格为 0 分。

（7）在 Sheet7 中完成以下操作：在 I2:I22 单元格区域计算每位学生的等级，平均分在 60 分以下为不合格，平均分在 60～69 分之间为合格，平均分在 70～79 分之间为中等，平均分在 80～89 分之间为良好，平均分为 90 分及以上为优秀。

（8）在 Sheet7 的 N3 单元格中统计 1 班的人数；在 N4 单元格统计平均分超过 85 分

（不含 85）的人数；在 N5 单元格统计等级为优秀的人数；在 N6 单元格统计 2 班平均分的总和。操作步骤如下。

步骤 1：

方法 1：选择 Sheet1 的 G2 单元格，单击 f_x 按钮，选择 IF 函数，将光标置于 logical_test 后的文本框，单击 F2 单元格，然后输入"<60"，在 Value_if_true 中输入"不合格"，在 Value_if_false 中输入"合格"（注意：双引号可以不输入，函数自动产生），单击"确定"按钮，如图 4-25 所示。

方法 2：直接在编辑栏中输入函数"=IF(F2<60,"不合格","合格")"，双击填充柄向下填充。

为了节省篇幅，以下步骤中用第 2 种方法，但建议采用第 1 种方法，这样不容易出错。

步骤 2： 选择 Sheet2 标签，在 F3 单元格中输入函数"=IF((B3+C3+D3+E3)>=300,"上线","落榜")"或"=IF(SUM(B3:E3)>=300,"上线","落榜")"，双击填充柄向下填充。

步骤 3： 选择 Sheet3 标签，在 F4 单元格中输入函数"=IF(SUM(B4:E4)>=300,$H$4,$H$5)"，双击填充柄向下填充。

步骤 4： 选择 Sheet4 标签，在 G3 单元格中输入函数"=IF(B3+C3>=60000,(B3+C3)*0.2,(B3+C3)*0.1)+IF(D3+E3>=50000,(D3+E3)*0.4,(D3+E3)*0.3)"，选择"格式"|"单元格"命令，在"数字"选项卡中选择数值，"小数位数"为 1，双击填充柄向下填充。

步骤 5： 选择 Sheet5 标签，在 F3 单元格中输入函数"=IF(E3<=15000,E3*0.03,IF(E3<=20000,E3*0.06,E3*0.1))"，选择"格式"|"单元格"命令，在"数字"选项卡中选择数值，"小数位数"为 2，双击填充柄向下填充。

步骤 6： 选择 Sheet6 标签，在 F4 单元格中输入函数"=B4+C4+D4+IF(E4="优秀",10,IF(E4="良好",8,IF(E4="合格",4,0)))"，双击填充柄向下填充，或者输入函数"=SUM(B4:D4)+IF(E4="优秀",10,IF(E4="良好",8,IF(E4="合格",4,0)))"后双击填充柄。

步骤 7： 选择 Sheet7 标签，在 I2 单元格中输入函数"=IF(H2<60,"不合格",IF(H2<70,"合格",IF(H2<80,"中等",IF(H2<90,"良好","优秀"))))"或"=IF(H2>=90,"优秀",IF(H2>=80,"良好",IF(H2>=70,"中等",IF(H2>=60,"合格","不合格"))))"，双击填充柄向下填充。

步骤 8： 选择 Sheet7 标签，在 N3 单元格中输入函数"=COUNTIF(B2:B22,B2)"或"=COUNTIF(B2:B22,"1")"；在 N4 单元格中输入函数"=COUNTIF(H2:H22,">85")"；在 N5 单元格中输入函数"=COUNTIF(I2:I22,I7)"或"=COUNTIF(I2:I22,"优秀")"；在 N6 单元格中输入函数"=SUMIF(B2:B22,B3,H2:H22)"。

条件统计函数效果如图 4-29 所示。

I2			fx	=IF(H2<60,"不合格",IF(H2<70,"合格",IF(H2<80,"中等",IF(H2<90,"良好","优秀"))))									
	A	B	C	D	E	F	G	H	I	J	K	L	M	N
1	姓名	班别	年龄	大学英语	高等数学	计算机	总分	平均分	等级		条件统计表			
2	蓝 静	1	20	76		78	232	77	中等					
3	廖剑锋	2	20	89	67	87	243	81	良好		1班的人数			6
4	蓝志福	3	19	65	缺考	52	117	59	不合格		平均分超过85分的人数			6
5	古 琴	3	21	78	91	65	234	78	中等		等级优秀的人数			3
6	朱莉莎	2	19	57	78	55	190	63	合格		2班平均分的总和			608.6667
7	刘国敏	1	20	92	93	85	270	90	优秀					
8	陈永强	3	21	92	88	90	270	90	优秀					

图 4-29 条件统计函数效果

3. 统计函数

1）排位（名）函数 RANK

【语法】RANK(Number,Ref,Order)

【功能】返回一个数值 Number 在一组数值 Ref 中的排位（名）。

【说明】（1）Number 为需要排位的数字。

（2）Ref 为包含一组数字的数组或引用。Ref 中的非数值型参数将被忽略（Ref 参数必须使用绝对引用）。

（3）Order 为一数字，指明排位的方式。如果 Order 为 0 或省略，则按降序排名，即第 1 名为最高值。如果 Order 不为 0，则按升序排名，第 1 名为最小值。如图 4-30 所示统计的排名最大值是第 1 名，图 4-31 所示统计的排名最小值是第 1 名。

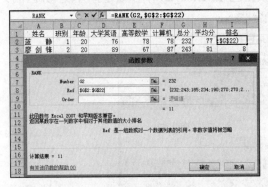

图 4-30　RANK 函数 1

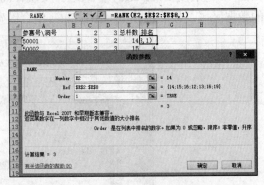

图 4-31　RANK 函数 2

> 📖 RANK 函数对重复数的排位相同，因此，重复数的存在将影响后续数值的排名。例如，在一列整数里，如果整数 10 出现两次，其排名为 5，则整数 11 的排名为 7（没有排名为 6 的数值）。

【例 4-7】打开 Excel4-7.xlsx 工作簿文件，完成下列操作后以原文件名保存。

（1）在 Sheet1 的 I2:I22 单元格区域中，求出每位学生按总分的名次，名次排名原则为总分越高排名越靠前。

（2）在 Sheet2 的 H2:H8 单元格区域计算名次，名次排名原则为总杆数越少排名越往前。

步骤 1：选择 Sheet1 标签，在 I2 单元格中输入函数"=RANK(G2,$G$2:$G$22)"或"=RANK(G2,$G$2:$G$22,0)"，双击填充柄向下填充。RANK 函数对话框的设置如图 4-31 所示，效果如图 4-32 所示。

步骤 2：选择 Sheet2 标签，在 H2 单元格中输入函数"=RANK(E2,$E$2:$E$8,1)"，双击填充柄向下填充。效果如图 4-33 所示。

图 4-32　排名函数应用效果 1　　　　图 4-33　排名函数应用效果 2

2）频率分布函数 FREQUENCY

【语法】FREQUENCY(Data_array,Bins_array)

【功能】计算一组数据在各个数值区间的分布情况，即计算一组数据在指定区间的个数。

【说明】频率分布是对于一组数据 Data_array 和一组数值分段 Bins_array，求出该组数据落在各个分段内的数据个数（空白单元格和字符串不统计）。其中，Bins_array 为数据区 Data_array 的完整分段。如 Bins_array 为年龄段{25,35,50}，则可把年龄完整分为不超过 25 岁（包括 25 岁）、26～35 岁、36～50 岁及 50 岁以上 4 个年龄段的人数。在函数中选择完参数区域后必须按 Shift+Ctrl+Enter 组合键来确定，不能直接单击"输入"按钮或按 Enter 键。如图 4-34 所示，Data_array 参数选择要统计的数据区域，Bins_array 参数选择分段（分区间）的数据区域，最后按 Shift+Ctrl+Enter 组合键确定。

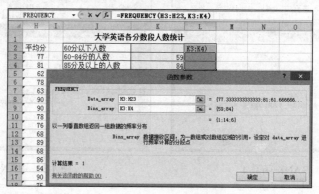

图 4-34　FREQUENCY 函数

【例 4-8】打开 Excel4-8.xlsx 工作簿文件，完成下列操作后以原文件名保存。

（1）在 Sheet1 中的 L2:L4 单元格区域，统计大学英语在 60 分以下、60～84 分、85 分及以上的学生人数。

（2）在 Sheet1 中的 L8:L12 单元格区域，统计平均分在 60 分以下，60～69 分，70～79 分，80～89 分及 90 分以上的学生人数。

（3）在 Sheet2 的 B13:B15 单元格区域中用频率分布函数统计数据源区域 A2:A11 各区间的值的个数（即统计 40 分及以下、41～60 分、60 分以上各分数段的值的个数），统计的区间由 B2 至 B3 各值所确定。

操作步骤如下。

（1）选择 Sheet1 标签，按以下步骤完成。

步骤 1： 在 K3:K4 空白单元格区域中分别输入 59、84 两个分段点，即把大学英语分成 3 段（小于 60 分、60～84 分、大于 84 分），注意包括段点处的值，如 K3 单元格输入的是 59，则 L2 单元格求出的结果包括 59 分，K4 单元格的值是 84，则 L3 单元格的值包括 84 分。

步骤 2： 选择作为统计结果的 L2:L4 单元格区域（注意，结果区域其他空白单元格不会影响结果）。

步骤 3： 在编辑栏中输入函数 "=FREQUENCY(D3:D23,K3:K4)"。

步骤 4： 按 Shift+Ctrl+Enter 组合键确认。

（2）选择 Sheet1 标签，按以下步骤完成，FREQUENCY 函数应用效果如图 4-35 所示。

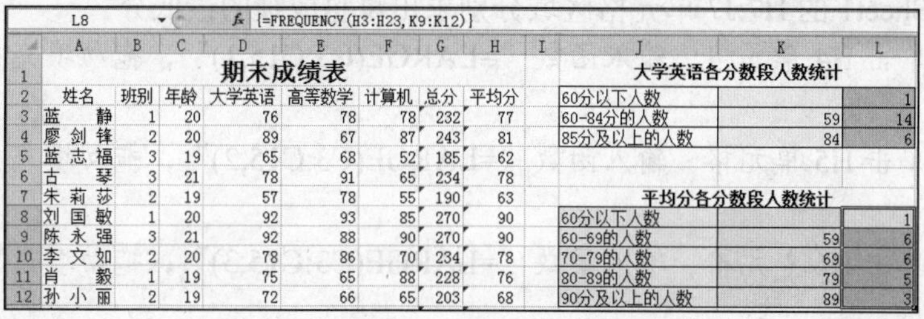

图 4-35　FREQUENCY 函数应用效果

步骤 1： 在 K9:K12 空白单元格区域中输入 59、69、79、89 几个分段的段点（由于平均分是整数，段点也可以是整数，如果平均分保留了 1 位小数，则段点应该输入 59.9、69.9、79.9、89.9，依此类推）。

步骤 2： 选择作为统计结果的 L8:L12 单元格区域。

步骤 3： 在编辑栏中输入函数 "=FREQUENCY(H3:H23,K9:K12)"。

步骤 4： 按 Shift+Ctrl+Enter 组合键确认。

（3）选择 Sheet2 标签，选定 B13:B15 单元格区域，在编辑栏中输入函数 "=FREQUENCY(A2:A11,B2:B3)"，按 Shift+Ctrl+Enter 组合键确认。

3）LARGE 函数

【语法】LARGE(Array,K)

【功能】返回数据集（Array 数组）中第 K 个最大值。

【说明】Array 为需要从中选择第 K 个最大值的数组或数据区域；K 为返回值在数组或数据单元格区域（Array）中的位置（从大到小排列）。

【例 4-9】打开 Excel4-9.xlsx 工作簿文件，完成下列操作后以原文件名保存。效果如图 4-36 所示。

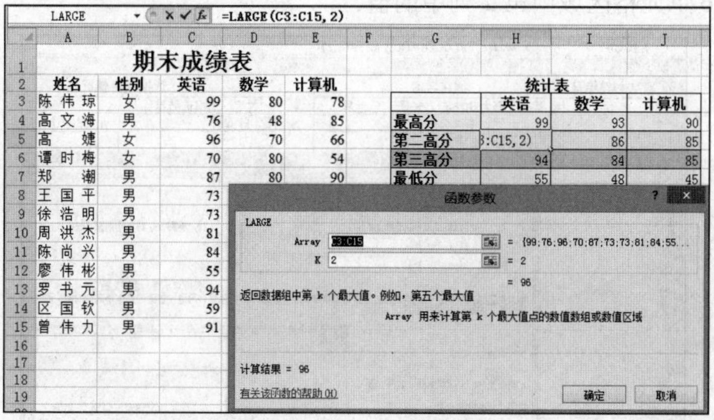

图 4-36　LARGE 函数应用效果

（1）在 Sheet1 的 H4:J4 单元格区域分别求出每科成绩的最高分。

（2）在 Sheet1 的 H5:J5 单元格区域分别求出每科成绩的第二高分。

（3）在 Sheet1 的 H6:J6 单元格区域分别求出每科成绩的第三高分。

（4）在 Sheet1 的 H7:J7 单元格区域分别求出每科成绩的最低分。

步骤 1：单击 H4 单元格，输入函数"=LARGE(C3:C15,1)"，拖动填充柄填充至 J4 单元格。

步骤 2：单击 H5 单元格，输入函数"=LARGE(C3:C15,2)"，拖动填充柄填充至 J5 单元格。

步骤 3：单击 H6 单元格，输入函数"=LARGE(C3:C15,3)"，拖动填充柄填充至 J6 单元格。

步骤 4：单击 H7 单元格，输入函数"=LARGE(C3:C15,COUNT(C3:C15))"，拖动填充柄填充至 J7 单元格。

4．查找函数

1）查找函数 VLOOKUP

【语法】VLOOKUP(Lookup_value,Table_array,Col_index_num,Range_lookup)

【功能】搜索表区域首列满足条件的元素，确定待检索单元格在区域中的行号，再进一步返回选定单元格的值。

【说明】（1）Lookup_value 为需要在数组第 1 列中查找的数值，可以为数值、引用或文本字符串。

（2）Table_array 为需要在其中搜索数据的数据表，可以使用对区域或区域名称的引用。

（3）Col_index_num 为满足条件的单元格在 table_array 的列序号，Table_array 中的第 1 列 Col_index_num 为 1，第 2 列 Col_index_num 为 2，依此类推。

（4）Range_lookup 指定在查找时要求精确匹配，如果为 FALSE 大致匹配，如果为 TRUE 或忽略精确匹配。

在图 4-37 中，Lookup_value 参数值 E3 为要搜索的值；Table_array 参数 A2:B6 为要搜索的范围，表示在 A2:B6 单元格区域中搜索 E3 单元格的值；Col_index_num 为 2 表示返回搜索范围 A2:B6 单元格区域中第 2 列中的值。

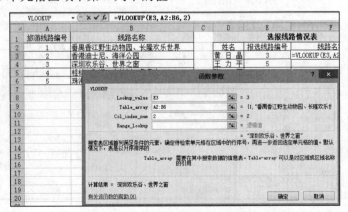

图 4-37　VLOOKUP 函数

2）查找函数 LOOKUP

【语法】LOOKUP 有两种格式。

格式一：LOOKUP(Lookup_value,Lookup_vector,Result_vector)

【功能】函数 LOOKUP 的向量形式是在单行区域或单列区域（向量）中查找数值，然后返回第二个单行区域或单列区域中相同位置的数值。

【说明】Lookup_value 为要在 Lookup_vector 区域中所要查找的数值；Lookup_vector 为只包含单行或单列的单元格区域，其值为文本、数值或者逻辑值且以升序排序；Result_vector 为要查找数值相应的结果值，只包含单行或单列的单元格区域，与 Lookup_vector 大小相同。

在图 4-38 中，Lookup_value 参数 E3 为要搜索的值 3，Lookup_vector 参数 A2:A6 为要搜索的范围，Result_vector 参数 B2:B6 为返回的结果范围，该函数的功能即在线路编号列中搜索编号 3，返回相应的线路名称。

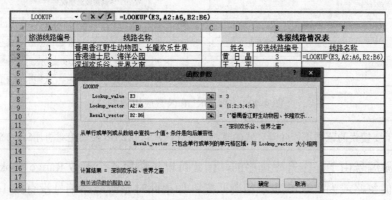

图 4-38　LOOKUP 函数 1

格式二：LOOKUP(Lookup_value,Array)

【功能】从单行或单列或从数组中查找一个值。

【说明】Lookup_value 为要在 Array 中查找的值，可以是数值、文本或逻辑值，也可以是数值的名称或引用；Array 包含文本、数值或逻辑值的单元格区域，用来与 Lookup_value 相比较。在图 4-39 中的 A2:B6 单元格区域中查找 E3 的值，返回相应的线路名称。

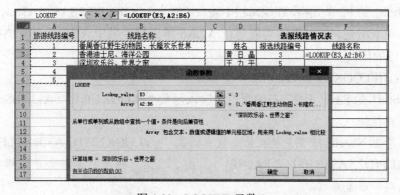

图 4-39　LOOKUP 函数 2

【例 4-10】打开 Excel4-10.xlsx 工作簿文件，完成下列操作后以原文件名保存。

（1）在 Sheet1 中有 5 条已编号的旅游线路供职工选择，职工报名时只需输入线路编号，现要根据职工报名的编号应用函数得出每个职工的旅游线路名称。

（2）在 Sheet2 的 D3 单元格中用公式或函数求出收入最高者所对应的姓名。

操作步骤如下。

方法 1：用 VLOOKUP 函数来计算。

步骤：单击 Sheet1 的 F3 单元格，在编辑栏中输入函数“=VLOOKUP(E3,$A$2:$B$6,2)”，双击填充柄向下填充。该函数的功能是在 A2:B6 单元格区域的第 1 列中查找 E3 单元格的值，并返回 A2:B6 单元格区域中第 2 列相应的值。VLOOKUP 函数应用效果如图 4-40 所示。

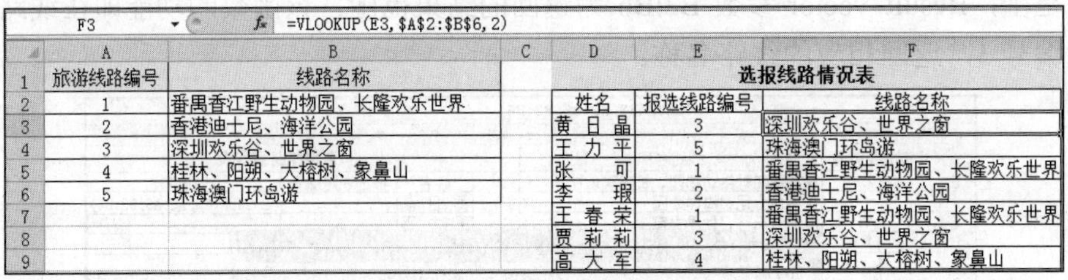
F3 =VLOOKUP(E3,$A$2:$B$6,2)

	A	B	C	D	E	F
1	旅游线路编号	线路名称		选报线路情况表		
2	1	番禺香江野生动物园、长隆欢乐世界		姓名	报选线路编号	线路名称
3	2	香港迪士尼、海洋公园		黄 日 晶	3	深圳欢乐谷、世界之窗
4	3	深圳欢乐谷、世界之窗		王 力 平	5	珠海澳门环岛游
5	4	桂林、阳朔、大榕树、象鼻山		张 可	1	番禺香江野生动物园、长隆欢乐世界
6	5	珠海澳门环岛游		李 瑕	2	香港迪士尼、海洋公园
7				王 春 荣	1	番禺香江野生动物园、长隆欢乐世界
8				贾 莉 莉	3	深圳欢乐谷、世界之窗
9				高 大 军	4	桂林、阳朔、大榕树、象鼻山

图 4-40　VLOOKUP 函数应用效果

📖 由于要搜索的范围不能随着公式的复制而变化，所以 A2:B6 要用绝对引用$A$2:$B$6。

上述旅游编号由于是按升序排序的，因此可以省略第 4 个参数 Range_lookup，Range_lookup 参数值忽略或为 TRUE 表示精确匹配；如果此时旅游线路编号没有按 1、2…5 升序排序，则除 F3 单元格的结果正确外，其余单元格的结果都会出现“#N/A”的错误，在上述函数中加上第 4 个参数 FALSE 则结果正确，FALSE 表示模糊匹配查找。

另外还要注意，使用 VLOOKUP 函数要求旅游线路编号一定要放在第 1 列，因为要查找的值 Lookup_value（报选线路编号）一定要是在 Table_array 区域中的第 1 列（首列），否则也会出现“#N/A”错误提示。

方法 2：用 LOOKUP 函数的第一种形式。

单击 Sheet1 的 F3 单元格，在编辑栏中输入函数“=LOOKUP(E3,$A$2:$A$6,$B$2:$B$6)”，双击填充柄向下填充。该函数的功能是在 A2:A6 单元格区域中查找 E3 单元格的值，返回 B2:B6 列相应的值。

方法 3：用 LOOKUP 函数的第二种形式。

单击 Sheet1 的 F3 单元格，在编辑栏中输入函数“=LOOKUP(E3,$A$2:$B$6)”，双击填充柄向下填充。

步骤：单击 Sheet2 的 D3 单元格，输入函数“=VLOOKUP(D2,A3:B16,2,FALSE)”或“=VLOOKUP(D2,$A$3:$B$16,2,FALSE)”。由于这里只需要计算一个单元格的值，因此范围不用绝对引用也可以。

　　　用 LOOKUP 函数一定要注意旅游线路编号要按升序排序，但"旅游线路编号"可以不是第 1 列，否则结果会出错；而 VLOOKUP 函数要求"旅游线路编号"（要查找的那一列）放在"线路名称"前面（首列），是 Table_array 区域的第 1 列，但"旅游线路编号"可以不按升序排序，如果没有按升序排序，则可以在 VLOOKUP 函数的第 4 个参数中输入 FALSE。如果只需搜索一个值，不需要排序。

5. 财务函数

1）求贷款分期偿还额函数 PMT

PMT 函数用于在固定利率及等额分期付款的方式下，计算每期的偿还额。例如，通过银行进行分期购房、分期购车时，可以利用该函数计算月供。

【语法】PMT(Rate,Nper,Pv,Fv,Type)

【功能】基于固定利率及等额分期付款方式，返回投资或贷款的每期付款额。

【说明】（1）Rate 为各期利率。例如，如果按 10% 的年利率借入一笔贷款来购买汽车，并按月偿还贷款，则月利率为 10%/12。

（2）Nper 为总投资（或贷款）期，即该项投资（或贷款）的付款期总数。例如，对于一笔 4 年期按月偿还的汽车贷款，则 Npero 为 48。

（3）Pv 为现值，即当前投资（或贷款）的现金总额。

（4）Fv 为未来值，即当前投资（或贷款）的未来值总额，如果是贷款，则未来值为 0。

（5）Type 为数字 0 或 1，用以指定各期的付款时间是在期初还是期末。如果是 0 或省略则表示期末；如果是 1 则表示期初。

在图 4-41 中，由于是计算月存，因此年利率和年期限均要转换成月利率和月期限，当前金额现值为 0（该参数可以为空），未来总额为 5 万。

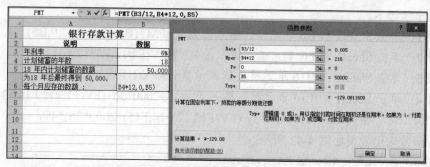

图 4-41　PMT 函数应用效果

　　　使用该函数时，要保持参数 Rate 和 Nper 的一致。如果是求月供，则年利率要换算月利率，期限也要换算成月期限；如果是年供，则月利率要换算成年利率，月期限换算成年期限。

2）求某项投资的现值函数 PV

PV 函数用于某项投资未来各期年金的现值或贷款现值。例如，投资某项保险或其他投资项目，利用 PV 函数计算投资是否合算，如果投资回收的当前价值大于投资的价值，则该投资是有收益的；或以现在的经济能力能贷款的总额。

【语法】PV(Rate,Nper,Pmt,Fv,Type)

【功能】计算某项投资的现值总额。现值为一系列未来付款当前值的累积和。

【说明】Rate 表示各期利率；Nper 表示总投资或贷款期数；Pmt 表示各期所支付的金额，包括本金和利息；Fv 表示未来值，即在最后一次付款后希望得到的现金余额，如果省略则认为其值为 0；Type 表示付款期是在期初还是期末，1 为期初，0 或省略为期末。

3）求某项投资的未来值函数 FV

FV 函数用于求某项投资的未来值的总额。例如，用户在银行的零存整取等，每个月在银行存入一笔钱，未来 n 年后可以拿到一笔未来值的总额。

【语法】FV(Rate,Nper,Pmt,Pv,Type)

【功能】基于固定利率和等额分期付款方式，返回某项投资的未来值。

【说明】参数同 PMT 函数和 PV 函数。

【例 4-11】打开 Excel4-11.xlsx 工作簿文件，完成下列操作后以原文件名保存。

（1）在 Sheet1 的 B6 单元格中计算为使某人在 18 年后得到 5 万元的存款，若按 6%的年利率计算，现在每月应存多少钱？

（2）某人每月的还款能力为 3204 元，准备向银行贷款，按年利率为 4.80%计算，打算 4 年还清，该人可以向银行贷款的总额是多少才在其偿还能力内（即在 Sheet1 的贷款计算表的 F6 单元格中求出该人的贷款总额）。

（3）在 Sheet1 的零存整取本息计算表的 B16 单元格中计算出某人参加银行的零存整取储蓄，每月存入 2000 元，年利率为 4.80%，3 年期满后的本息总和（保留两位小数）。

（4）某人参加银行的零存整取储蓄，每月存入 2000 元，年利率为 4.80%，请在 Sheet1 的 F16 单元格中用函数公式计算出 3 年期满后的减除利息税后的本息总和，设置 F16 单元格格式为：￥1500.22。（注：利息税为 4%，必须使用公式，位数取两位小数。）

操作步骤如下。

步骤 1：单击 Sheet1 的 B6 单元格，输入函数"=PMT(B3/12,B4*12,0,B5)"。

步骤 2：单击 Sheet1 的 F6 单元格，输入函数"=PV(F4/12,F5*12,F3)"。

步骤 3：单击 Sheet1 的 B16 单元格，输入函数"=FV(B13/12,B14,B15)"。

步骤 4：单击 Sheet1 的 F16 单元格，输入函数"=2000*36+(FV(F13/12,F14,F15)−2000*36)*(1−4%)"或"=FV(B13/12,B14,B15)−(FV(F13/12,F14,F15)−2000*36)*4%"。

财务函数应用效果如图 4-42 所示。

图 4-42　财务函数应用效果

6. 数学函数

1）绝对值函数 ABS

【语法】ABS(Number)

【功能】返回参数 Number 的绝对值。

2）求余数函数 MOD

【语法】MOD(Number,Divisor)

【功能】返回参数 Number 除以参数 Divisor 所得的余数，其结果的正负号与除数相同。

3）求平方根函数 SQRT

【语法】SQRT(Number)

【功能】返回参数 Number 的平方根。

【说明】负数不能求平方根。

4）取整函数 INT

【语法】INT(Number)

【功能】返回参数 Number 向下取整为最接近的整数。

5）取整函数 TRUNC

【语法】TRUNC(Number,Num_digits)

【功能】将数字 Number 截为整数或保留指定位数 Num_digits 的小数。

6）四舍五入函数 ROUND

【语法】ROUND(Number,Num_digits)

【功能】返回参数 Number 按四舍五入规则保留 Num_digits 位小数的值。

例如，用 INT、TRUNC、ROUND 函数对如图 4-43、图 4-44 所示 A 列数据取整。

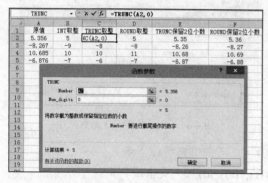

图 4-43 TRUNC 函数

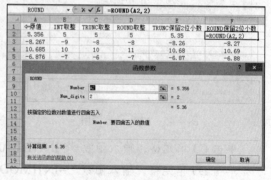

图 4-44 ROUND 函数

C2 单元格输入：=INT(A2)

D2 单元格输入：=TRUNC(A2,0)

E2 单元格输入：=ROUND(A2,0)

区别：INT 函数只有一个参数，即对参数的值向下取整，取的值比本身要小点。

TRUNC 函数有两个参数，即对第 1 个参数按第 2 个指定的小数位数进行截取，不四舍五入。如果第 2 个参数为 0，则直接截取整数部分。

ROUND 函数有两个参数，即对第 1 个参数按第 2 个指定的小数位数进行截取，四舍五入。如果第 2 个参数为 0，则按四舍五入截取整数部分。

7）随机函数 RAND

【语法】RAND()

【功能】返回一个 0～1 的随机数（大于等于 0 且小于 1）。

【说明】要产生 a～b 的随机整数的公式为：=INT(a+(b-a+1)*RAND())。该函数无参数。

【例 4-12】打开 Excel4-12.xlsx 工作簿文件，完成下列操作后以原文件名保存。

（1）在 Sheet1 中的 E3:E9 单元格区域，求出每位销售员的任务完成的误差数量（即完成额与任务量的差值的绝对值）。

（2）在 Sheet2 中计算员工领取工资时所需的 100 元、50 元、10 元和 1 元人民币各张数之和。

（3）在 Sheet3 中，根据批注提示的函数对平均成绩进行相应的计算。

（4）在 Sheet4 中的 A2:A16 单元格区域产生 1～200 的随机整数号码。

操作步骤如下。

步骤 1：单击 Sheet1 的 E3 单元格，输入函数"=ABS(C3-B3)"，双击填充柄往下填充。ABS 函数应用效果如图 4-45 所示。

步骤 2：选择 Sheet2 工作表，INT 和 MOD 函数应用效果如图 4-46 所示。

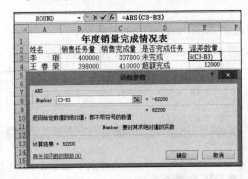

图 4-45　ABS 函数应用

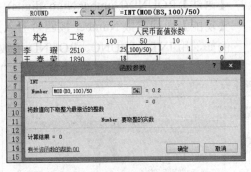

图 4-46　INT 和 MOD 函数应用

单击 C3 单元格，输入函数"=INT(B3/100)"，双击填充柄往下填充。

单击 D3 单元格，输入函数"=INT(MOD(B3,100)/50)"，双击填充柄往下填充。

单击 E3 单元格，输入函数"=INT(MOD(MOD(B3,100),50)/10)"，双击填充柄往下填充。

单击 F3 单元格，输入函数"=INT(MOD(MOD(MOD(B3,100),50),10)/1)"，双击填充柄往下填充。

📖 函数中的 100、50、10 和 1 可以分别用$C$2、$D$2、$E$2 和$F$2 代替。

步骤 3：选择 Sheet3 工作表，INT、TRUNC、ROUND 函数应用效果如图 4-47 所示。

图 4-47   INT、TRUNC、ROUND 函数应用

单击 F2 单元格，输入函数 "=INT(E2)"，双击填充柄往下填充。

单击 G2 单元格，输入函数 "=TRUNC(E2)" 或 "=TRUNC(E2,0)"，双击填充柄往下填充。

单击 H2 单元格，输入函数 "=ROUND(E2,0)"，双击填充柄往下填充。

单击 I2 单元格，输入函数 "=TRUNC(E2,2)"，双击填充柄往下填充。

单击 J2 单元格，输入函数 "=ROUND(E2,2)"，双击填充柄往下填充。

步骤 4： 单击 Sheet4 的 A2 单元格，输入函数 "=INT(1+(200−1+1)*RAND())"，拖动填充柄填充至 A16 单元格。

7. 日期和时间函数

1）系统日期和时间函数 NOW

【语法】NOW()

【功能】返回计算机系统内部时钟的当前日期和当前时间的序列数。

【说明】该序列数是一个正实数，其中，整数部分代表当前日期，小数部分代表当前时间。

2）系统日期函数 TODAY

【语法】TODAY()

【功能】返回计算机系统内部时钟当前日期的序列数。

3）指定日期函数 DATE

【语法】DATE(Year,Month,Day)

【功能】返回指定日期的序列数。

【说明】Year 参数是指年份，Month 参数是指月份，Day 参数是指日期。

4）指定时间函数 TIME

【语法】TIME(Hour,Minute,Second)

【功能】返回指定时间的序列数。

【说明】Hour 参数是指小时，Minute 参数是指分，Second 参数是指秒。

5）计算年函数 YEAR

【语法】YEAR(Serial_number)

【功能】返回序列数所对应的年份。

> 📖 MONTH（月）、DAY（日）、HOUR（时）、MINUTE（分）、SECOND（秒）函数与 YEAR 函数的用法相同。

【例 4-13】打开 Excel4-13.xlsx 工作簿文件，完成下列操作后以原文件名保存。

（1）在 Sheet1 的 A2 单元格中用 NOW 函数计算出系统的当前日期和时间，并使用日期与时间函数分别在 B2:G2 单元格区域内计算 A2 单元格的年、月、日、小时、分和秒等值。

（2）在 Sheet2 的 E2:E30 单元格区域计算每位员工的年龄。

操作步骤如下。

（1）选择 Sheet1 工作表。

步骤 1：单击 A2 单元格，输入函数 "=NOW()"。

步骤 2：单击 B2 单元格，输入函数 "=YEAR(A2)"。

步骤 3：单击 C2 单元格，输入函数 "=MONTH(A2)"。

步骤 4：单击 D2 单元格，输入函数 "=DAY(A2)"。

步骤 5：单击 E2 单元格，输入函数 "=HOUR(A2)"。

步骤 6：单击 F2 单元格，输入函数 "=MINUTE(A2)"。

步骤 7：单击 G2 单元格，输入函数 "=SECOND(A2)"。

（2）选择 Sheet2 的 E2 单元格，输入函数 "=YEAR(NOW())–YEAR(C2)"，双击填充柄往下填充。日期函数应用效果如图 4-48 所示。

	A	B	C	D	E
	姓名	性别	出生日期	职称	年龄
2	李海儿	男	1963/6/2	助工	51
3	陈 静	女	1966/8/2	助工	48
4	王克南	男	1961/8/2	工程师	53
5	钟尔慧	男	1962/12/2	工程师	52
6	卢植茵	女	1965/6/2	助工	49
7	林 寻	男	1948/8/2	高工	66

图 4-48　日期函数应用

8. 逻辑函数

1）逻辑"与"函数 AND

【语法】AND(Logical1,Logical2,...)

【功能】当所有参数的逻辑值为 TRUE 时，结果才返回为 TRUE，否则为 FALSE。

　参数 Logical1,Logical2,...是 1～30 个结果为 TRUE 或 FALSE 的表达式，一般是关系表达式。

2）逻辑"或"函数 OR

【语法】OR(Logical1,Logical2,...)

【功能】当所有参数的逻辑值为 FALSE 时，结果才返回为 FALSE，否则为 TRUE。

3）逻辑"非"函数 NOT

【语法】NOT(Logical)

【功能】若 Logical 为 FALSE，则取反后返回 TRUE；若 Logical 为 TRUE，则返回 FALSE。

【例 4-14】打开 Excel4-14.xlsx 工作簿文件，完成下列操作后以原文件名保存。

（1）在 Sheet1 的 E3:E12 单元格区域中计算，当理论、实际操作 1 和实际操作 2 三科成绩都大于等于 60 分，结果为 TRUE（合格），否则为 FALSE（不合格）。

（2）在 Sheet2 的 E3:E12 单元格区域中计算，当理论、实际操作 1 和实际操作 2 三科中有一科在 90 分及以上，结果为 TRUE（合格），否则为 FALSE（不合格）。

（3）在 Sheet3 的 C3:C12 单元格区域中计算，当笔试成绩小于 60 分，则为 FALSE（不通过），否则为 TRUE（通过）。

（4）在 Sheet3 的 F3:F12 单元格区域中计算，当两科面试成绩都超过 85 分，则为 TRUE（通过），否则为 FALSE（不通过）。

步骤 1：单击 Sheet1 的 E3 单元格，输入函数"=AND(B3>=60,C3>=60,D3>=60)"，双击填充柄往下填充。AND 函数应用效果如图 4-49 所示。

步骤 2：单击 Sheet2 的 E3 单元格，输入函数"=OR(B3>=90,C3>=90,D3>=90)"，双击填充柄往下填充。OR 函数应用效果如图 4-50 所示。

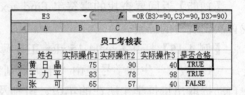

图 4-49　AND 函数应用　　　　　　　图 4-50　OR 函数应用

步骤 3：单击 Sheet3 的 C3 单元格，输入函数"=NOT(B3<60)"，双击填充柄往下填充。逻辑函数综合应用效果如图 4-52 所示。

步骤 4：单击 Sheet3 的 F3 单元格，输入函数"=IF(AND(D3>85,E3>85),"通过","不通过")"，拖动填充柄填充至 F12 单元格，再删除 F5、F8、F11 单元格的值，如图 4-51 所示。

图 4-51　逻辑函数综合应用

9．字符函数

1）左取字符串函数 LEFT

【语法】LEFT(Text,Num_chars)

【功能】返回文本字符串 Text 中从左边第一个字符取起的 Num_chars 个的子字符串。

2）右取字符串函数 RIGHT

【语法】RIGHT(Text,Num_chars)

【功能】返回文本字符串 Text 中从右边第一个字符取起的 Num_chars 个的子字符串。

3）任意位置取字符串函数 MID

【语法】MID(Text,Start_num,Num_chars)

【功能】返回文本字符串 Text 中从 Start_num 位置开始往后连续取 Num_chars 个字符。

【说明】如果 Start_num=1，则该函数的功能相当于 LEFT 函数；如果 Start_num=LEN（text），则该函数的功能相当于 RIGHT 函数。

4）求字符串长度函数 LEN

【语法】LEN(Text)

【功能】返回文本字符串 Text 中的字符个数。

5）查找子串函数 FIND（区分大小写字母）

【语法】FIND(Find_text,Within_text,Start_num)

【功能】返回要查找的字符串 Find_text 在 Within_text 中从第 Start_num 个字符开始查找首次出现时的位置。

6）查找子串函数 SEARCH（不区分大小写字母）

【语法】SEARCH(Find_text,Within_text,Start_num)

【功能】返回要查找的字符串 Find_text 在 Within_text 中从第 Start_num 个字符开始查找首次出现时的位置。

【例 4-15】打开 Excel4-15.xlsx 工作簿文件，完成下列操作后以原文件名保存。

（1）假设学生的学号是由“年级系别专业班别编号”组成。在 Sheet1 的“学号”列中自动提取出每位学生所在的年级、班别及编号。

（2）在 Sheet2 的 C3:C12 单元格区域中，从“身份证号”列自动提取每位员工的出生日期。

（3）假设集团卡是由“姓名-电话-集团号”组成。在 Sheet3 的职工集团卡中提取出每位职工的姓名、电话和集团号。

操作步骤如下。

（1）选择 Sheet1 工作表，效果如图 4-52 所示。

D3 =MID(A3,9,2)

	A	B	C	D	E
1	学生报名表				
2	学号	姓名	年级	班别	编号
3	201103010101	蓝　静	2011	01	01
4	201103010112	廖 剑 锋	2011	01	12
5	201103010203	蓝 志 福	2011	02	03
6	201103010125	古　琴	2011	01	25

图 4-52　字符函数应用 1

步骤 1：单击 C3 单元格，输入函数“=LEFT(A3,4)”，双击填充柄往下填充。

步骤 2：单击 D3 单元格，输入函数“=MID(A3,9,2)”，双击填充柄往下填充。

步骤 3：单击 E3 单元格，输入函数“=RIGHT(A3,2)”，双击填充柄往下填充。

（2）单击 Sheet2 的 C3 单元格，输入函数“=MID(B3,7,4)&"年"&MID(B3,11,2)&"月"&MID(B3,13,2)&"日"”，双击填充柄往下填充。效果如图 4-53 所示。

C3 =MID(B3,7,4)&"年"&MID(B3,11,2)&"月"&MID(B3,13,2)&"日"

	A	B	C	D	E	F	G
1	员工人事档案						
2	姓名	身份证号	出生日期				
3	蓝　静	888888198105126666	1981年05月12日				
4	廖 剑 锋	888888197810246665	1978年10月24日				
5	蓝 志 福	888888197612106666	1976年12月10日				
6	古　琴	888888198004056665	1980年04月05日				
7	王 克 南	888888196907196666	1969年07月19日				
8	刘 国 敏	888888197509276665	1975年09月27日				
9	陈 永 强	888888198206286666	1982年06月28日				

图 4-53　字符函数应用 2

（3）选择 Sheet3 工作表。

步骤 1：单击 B3 单元格，输入函数 "=LEFT(A3,FIND("-",A3)-1)"，双击填充柄往下填充。

步骤 2：单击 C3 单元格，输入函数 "=MID(A3,FIND("-",A3)+1,11)"，双击填充柄往下填充。

步骤 3：单击 D3 单元格，输入函数 "=RIGHT(A3,LEN(A3)-FIND("-",A3,FIND("-",A3)+1))"，双击填充柄往下填充，或输入 "=RIGHT(A3,LEN(A3)-FIND("-",A3,10))"。字符函数应用效果如图 4-54 所示。

B3	fx =LEFT(A3,FIND("-",A3)-1)		
A	B	C	D
电话记录表			
集团卡	姓名	电话	集团号
蓝静-189xxxx1990-1024	蓝静	189xxxx1990	1024
廖剑锋-189xxxx1991-232	廖剑锋	189xxxx1991	232
蓝志福-189xxxx1992-514	蓝志福	189xxxx1992	514
古琴-189xxxx1993-4045	古琴	189xxxx1993	4045

图 4-54　字符函数应用 3

📖 "FIND("-",A3)+1" 返回值是字符 "-" 位置加 1，即返回字符 "-" 的后一个字符的位置，如职工的 "-" 是在第三位，"FIND("-",A3)" 返回值是 3，加 1 后为 4，因此 "MID(A3,FIND("-",A6)+1,11)" 从 A3 单元格中 "-" 的后一位（第 4 位）开始取字符串，共取 11 位。

10．数据库统计函数

数据库函数的格式：函数名(database,field,criteria)

【说明】

- 数据库函数用于统计满足指定条件的数据结果。
- 数据库函数是以 D 开头的函数，也称 D 函数。
- 对数据库函数必须建立条件区域。条件区以列标题（字段名）开始，条件区域同一行之间是与的关系（即各条件要同时满足），不同行之间是或的关系（即只要满足其中的一个条件），条件区域的建立详见高级筛选。
- 参数 database 为从字段名开始的整个数据清单。
- 参数 field 为需要统计的字段名。
- 参数 criteria 为建立的条件区，条件区不能多选，选多了空白单元格则等于无条件。
- 在条件中可以使用通配符 "?" 和 "*"。

1）数据库求和函数 DSUM

【功能】返回数据库或数据清单的指定列中，满足给定条件单元格中的数字之和。

2）数据库求平均值函数 DAVERAGE

【功能】返回数据库或数据清单中满足给定条件的数据列中数值的平均值。

3）数据库求最大值函数 DMAX

【功能】返回数据库或数据清单的指定列中，满足给定条件单元格中的最大数值。

4）数据库求最小值函数 DMIN

【功能】返回数据库或数据清单的指定列中，满足给定条件单元格中的最小数值。

5）数据库计数函数①：DCOUNT

【功能】返回数据库或数据清单指定字段中，满足给定条件并且包含数字的单元格数目。

6）数据库计数函数②：DCOUNTA

【功能】返回数据库或数据清单指定字段中，满足给定条件的非空单元格数目。

对于 DSUM、DAVERAGE、DMAX、DMIN 在操作要求中必须指定一个字段名（field 参数），即要统计的字段名；而 DCOUNT 和 DCOUNTA 中的 field 参数可以为空，也可用任意一列的字段名来达到计数的目的（但还是要注意 DCOUNT 只能用任一数字型的字段名，而 DCOUNTA 则是任意字段名均可）。DCOUNT 和 DCOUNTA 的区别与 COUNT 和 COUNTA 相同，空白单元格不统计。

【例 4-16】打开 Excel4-16.xlsx 文件，完成下列操作后以原文件名保存，效果如图 4-55 所示。

A17 =DSUM(A2:G15,G2,B17:B18)

	A	B	C	D	E	F	G
1	南方学院数学系基础教研室5 月份工资表						
2	姓名	职称	职务工资	生活津贴	奖励补贴	岗位补贴	总收入
3	陈静仪	讲师	1441	189.1	120	700	2450
4	陈寻共	副教授	1566	242	145	900	2853
5	王克仁	讲师	1410	175.6	145	700	2431
6	夏雪翎	助教	1355	152.3	108	600	2215
7	钟敏慧	讲师	1388	194.7	145	700	2428
17	11539.7	职称		2426.129	职称		
18		副教授			讲师		
19	2700	职称	职务工资	1498.417	职称	奖励补贴	
20		副教授	<=1600		讲师		
21						>140	

（a）

H4 =DCOUNTA(A1:F61,A1,I4:J5)

	A	B	C	D	E	F	G	H	I	J
1	姓名	性别	语文	数学	总分	平均分		32	性别	
2	申国栋	男	68	52	120	60			男	
3	肖静	女	72	66	138	69				
4	李柱	男	97	82	179	90		6	性别	平均分
5	李光华	男	58	74	132	66			女	>=85
6	陈昌兴	男	100	84	184	92				
7	吴浩权	男	87	90	177	89		22	语文	数学
8	蓝静	女	98	65	163	82			>85	
9	廖剑锋	男	93	84	177	89				>85

（b）

图 4-55　数据库统计函数效果

（1）在 Sheet1 中的 A17 单元格求出副教授的总收入的总和。

（2）在 Sheet1 中的 D17 单元格求出讲师的平均总收入。

（3）在 Sheet1 中的 A19 单元格求出副教授职务工资不超过 1600 的岗位补贴的总和。

（4）在 Sheet1 中的 D19 单元格求出讲师或奖励补贴超过 140 的职务工资的平均值。

（5）在 Sheet2 中的 H1 单元格求出该班男生的人数。

（6）在 Sheet2 中的 H4 单元格求出该班女生平均分在 85 分及以上的人数。

（7）在 Sheet2 中的 H7 单元格求出该班语文成绩超过 85 分或数学成绩超过 85 分的人数。

操作步骤如下。

（1）单击 Sheet1 工作表，在 B17:B18 单元格区域中建立条件区域，如图 4-55（a）所示。在 A17 单元格中输入函数“=DSUM(A2:G15,G2,B17:B18)”。

（2）单击 Sheet1 工作表，在 E17:E18 单元格区域中建立条件区域，如图 4-55（a）所示。在 D17 单元格中输入函数“=DAVERAGE(A2:G15,G2,E17:E18)”。

（3）在 Sheet1 的 B19:C20 单元格区域中建立条件区域，如图 4-55（a）所示。在 A19 单元格中输入函数“=DSUM(A2:G15,F2,B19:C20)”。

（4）在 Sheet1 的 E19:F21 单元格区域中建立条件区域，如图 4-55（a）所示。在 D19 单元格中输入函数“=DAVERAGE(A2:G15,C2,E19:F21)”。

（5）单击 Sheet2 工作表，在 I1:I2 单元格区域中建立条件区域，如图 4-55（b）所示。在 H1 单元格中输入函数“=DCOUNT(A1:F61,C1,I1:I2)”或“=DCOUNTA(A1:F61,C1,I1:I2)”。也可输入“=DCOUNT(A1:F61,,I1:I2)”或“=DCOUNTA(A1:F61,,I1:I2)”。

（6）在 Sheet2 中的 I4:J5 单元格区域中建立条件区域，如图 4-55（b）所示。在 H4 单元格中输入函数“=DCOUNT(A1:F61,C1,I4:J5)”或“=DCOUNTA(A1:F61,C1,I4:J5)”。

（7）在 Sheet2 中的 I7：J9 单元格区域中建立条件区域，如图 4-55（b）所示。在 H7 单元格中输入函数“=DCOUNT(A1:F61,C1,I7:J9)”或“=DCOUNTA(A1:F61,C1,I7:J9)”。

在第（5）、（6）、（7）步中 DCOUNT 中间的 Field 参数可以是 C1、D1、E1、F1，DCOUNTA 中间的 Field 参数则可以是 A1～F1 中的任一字段名。

任务实施

——完成工资表的计算

需要完成计算的工作表包括员工工资表、基本工资标准表、工龄工资计算表、加班费计算表、考勤月扣款明细表和统计表。

打开“员工工资情景 2.xlsx”，操作步骤如下。

（1）选择“基本工资标准表”，最终效果如图 4-56 所示。

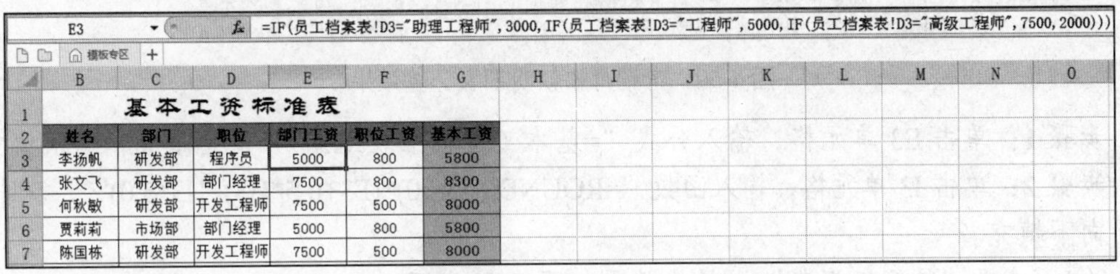

E3　=IF(员工档案表!D3="助理工程师",3000,IF(员工档案表!D3="工程师",5000,IF(员工档案表!D3="高级工程师",7500,2000)))

基本工资标准表

姓名	部门	职位	部门工资	职位工资	基本工资
李扬帆	研发部	程序员	5000	800	5800
张文飞	研发部	部门经理	7500	800	8300
何秋敏	研发部	开发工程师	7500	500	8000
贾莉莉	市场部	部门经理	5000	800	5800
陈国栋	研发部	开发工程师	7500	500	8000

图 4-56　基本工资标准表计算效果

步骤 1：选择 E3 单元格，单击编辑栏中的 f_x 按钮，在弹出的“插入函数”对话框中选择 IF 函数，输入函数“=IF(员工档案表!D3="助理工程师",3000,IF(员工档案表!D3="工程师",5000,IF(员工档案表!D3="高级工程师",7500,2000)))”，双击填充柄向下填充。

步骤 2：单击 F3 单元格，输入函数“=IF(D3="部门经理",2000,IF(D3="开发工程师",1000,IF(D3="程序员",800,500)))”，双击填充柄向下填充。

步骤 3：单击 G3 单元格，输入函数“=SUM(E3:F3)”或公式“=E3+F3”，双击填充柄向下填充。

（2）选择“工龄工资计算表”，最终效果如图 4-57 所示。

步骤 1：单击 E3 单元格，输入公式“=YEAR(NOW())−YEAR(员工档案表!G3)”，双击填充柄向下填充。

步骤 2：单击 F3 单元格，输入公式“=E3*100”，双击填充柄向下填充。

（3）选择“加班费计算表”，最终效果如图 4-58 所示。

E3			fx	=YEAR(NOW())-YEAR(员工档案表!G3)	

	A	B	C	D	E	F
1	工龄工资计算表					
2	员工编号	姓名	部门	职位	工龄	工龄工资
3	00001	李扬帆	研发部	程序员	11	1100
4	00002	张文飞	研发部	部门经理	11	1100
5	00003	何秋敏	研发部	开发工程师	11	1100
6	00004	贾莉莉	市场部	部门经理	8	800

图4-57　工龄工资计算表效果

G3			fx	=ROUND((E3/30/8)*3*F3, 0)	

	A	B	C	D	E	F	G
1	加班费计算表						
2	员工编号	姓名	部门	职位	基本工资	加班时间	加班费
3	00001	李扬帆	研发部	程序员	5800	11	798
4	00002	张文飞	研发部	部门经理	8300	10	1038
5	00003	何秋敏	研发部	开发工程师	8000	8	800
6	00004	贾莉莉	市场部	部门经理	5800		0

图4-58　加班费计算表效果

步骤1： 单击E3单元格，输入公式"=基本工资标准表!G3"，双击填充柄向下填充。

步骤2： 单击G3单元格，输入函数"=ROUND((E3/30/8)*3*F3,0)"，双击填充柄向下填充。

> 📖 取整函数可以用INT、TRUNC和ROUND，区别是INT函数是向下取整，TRUNC函数是只取数据的整数部分，ROUND函数可以实现四舍五入后取整，该函数的第二个参数为0，表示没有小数位数。ROUND((E3/30/8),0)表示对计算出的每个小时的工资取整。

（4）选择"考勤月扣款明细表"，最终效果如图4-59所示。

I3			fx	=ROUND((E3/30)*(F3+0.5*G3), 0)+H3*5	

	A	B	C	D	E	F	G	H	I
1	考勤月扣款明细表								
2	员工编号	姓名	部门	职位	基本工资	事假（天）	病假（天）	迟到（分）	扣款合计
3	00001	李扬帆	研发部	程序员	5800	2	0	0	387
4	00002	张文飞	研发部	部门经理	8300	0	0.5	0	69
5	00003	何秋敏	研发部	开发工程师	8000	1	0	0	267
6	00004	贾莉莉	市场部	部门经理	5800	0.5	0	0	97

图4-59　考勤月扣款明细表计算效果

步骤1： 单击E3单元格，输入公式"=基本工资标准表!G3"，双击填充柄向下填充。

步骤2： 单击I3单元格，输入函数"=ROUND((E3/30)*(F3+0.5*G3)+H3*5,0)"，双击填充柄向下填充。

（5）选择"员工工资表"，最终效果如图4-60所示。

P3			fx	=RANK(G3, $G$3:$G$32)	

	A	B	C	H	I	J	K	L	M	N	O	P
2	员工编号	姓名	基本工资	业绩奖金	交通补贴	加班补贴	扣保险	扣住房公积金	应发工资	所得税	扣缺勤	实发工资	业绩奖金排名
3	00001	李扬帆	5800	500	200	798	638	406	6254	38	387	5829	22
4	00002	张文飞	8300	900	300	1038	913	581	9044	194	69	8781	1
5	00003	何秋敏	8000	780	200	800	880	560	8340	124	267	7949	4
6	00004	贾莉莉	5800	800	600	0	638	406	6156	35	97	6024	3

图4-60　员工工资表计算效果

步骤1： 单击F3单元格，输入函数"=VLOOKUP(A3,基本工资标准表!$A$3:$G$32,7)"或直接输入"=基本工资标准表!G3"，双击填充柄向下填充。

步骤2： 单击I3单元格，输入函数"=VLOOKUP(A3,加班费计算表!$A$3:$G$32,7)"或直接输入"=加班费计算表!G3"，双击填充柄向下填充。

步骤3： 单击J3单元格，输入公式"=F3*8%+F3*2%+F3*1%"，双击填充柄向下填充。

步骤4： 单击K3单元格，输入公式"=F3*7%"，双击填充柄向下填充。

步骤 5：单击 L3 单元格，输入公式"=F3+G3+H3+I3-J3-K3""=SUM(F3:I3)-J3-K3"，双击填充柄向下填充。

步骤 6：单击 M3 单元格，输入函数"=IF(L3<=5000,0,IF(L3<=8000,(L3-5000)*3%,IF(L3<=17000,3000*3%+(L3-8000)*10%,3000*3%+9000*10%+(L3-17000)*20%)))"，双击填充柄向下填充。

> 📖 由于本公司员工月应发工资没有超过 20000 元的员工，因此，本题假设只计算到第 4 级税率，应发工资只要超过 30000 元的都按第 4 级的税率计算，用户可以自己按本题的方法把所有级数的扣税的 IF 函数补全。

> 📖 拖动填充柄或双击填充框可以复制单元格中的公式和函数。以下步骤在操作时尽量先用拖动或双击填充柄去复制公式，然后再去修改公式中要改的单元格或单元格区域，但为了方便理解，仍在步骤中只写了要输入的函数或公式。

步骤 7：单击 N3 单元格，输入公式"='考勤月扣款明细表 '!I3"或函数"=VLOOKUP(A3,'考勤月扣款明细表 '!A2:I32,9)"，双击填充柄向下填充。

步骤 8：单击 O3 单元格，输入公式"=L3-M3-N3"，双击填充柄向下填充。

步骤 9：单击 P3 单元格，输入函数"=RANK(G3,$G$3:$G$32)"，双击填充柄向下填充。

（6）选择"统计表"。

① 工资统计表的计算，最终效果如图 4-61 所示。

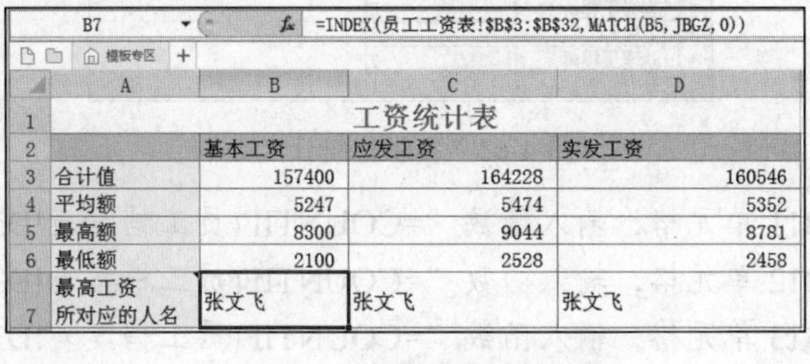

B7	▼	fx	=INDEX(员工工资表!$B$3:$B$32, MATCH(B5, JBGZ, 0))

	A	B	C	D
1			工资统计表	
2		基本工资	应发工资	实发工资
3	合计值	157400	164228	160546
4	平均额	5247	5474	5352
5	最高额	8300	9044	8781
6	最低额	2100	2528	2458
7	最高工资所对应的人名	张文飞	张文飞	张文飞

图 4-61　工资统计表计算效果

步骤 1：在"员工工资表"中选定 F3:F32 单元格区域，在公式编辑栏最左侧的名称框中输入"JBGZ"，按 Enter 键确认即可。同样的方法，选择 L3:L32 单元格区域定义名称为"YFGZ"；选择 O3:O32 单元格区域，定义名称为"SFGZ"。

步骤 2：在"统计表"中单击 B3 单元格，输入函数"=SUM(JBGZ)"。

单击 C3 单元格，输入函数"=SUM(YFGZ)"。

单击 D3 单元格，输入函数"=SUM(SFGZ)"。

步骤 3：在"统计表"中单击 B4 单元格，输入函数"=AVERAGE(JBGZ)"。

单击 C4 单元格，输入函数"=AVERAGE(YFGZ)"。

单击 D4 单元格，输入函数"=AVERAGE(SFGZ)"。

步骤 4：在"统计表"中单击 B5 单元格，输入函数"=MAX(JBGZ)"。

单击 C5 单元格，输入函数"=MAX(YFGZ)"。

单击 D5 单元格，输入函数"=MAX(SFGZ)"。

步骤 5： 在"统计表"中单击 B6 单元格，输入函数"=MIN(JBGZ)"。

单击 C6 单元格，输入函数"=MIN(YFGZ)"。

单击 D6 单元格，输入函数"=MIN(SFGZ)"。

步骤 6： 在"统计表"中单击 B7 单元格，输入函数"=INDEX(员工工资表!$B$3:$B$32, MATCH(B5,JBGZ,0))"。

单击 C7 单元格，输入函数"=INDEX(员工工资表!$B$3:$B$32,MATCH(C5,YFGZ,0))"。

单击 D7 单元格，输入函数"=INDEX(员工工资表!$B$3:$B$32,MATCH(D5,SFGZ,0))"。

📖 （1）检索函数 INDEX(Array,Row_num,Colunm_num)的功能是在给定的单元格区域中，返回特定行列交叉处单元格的值或引用。（2）匹配函数 MATCH(Lookup_value,Lookup_array,Match_type)的功能是返回特定值特定顺序的项在数组中的相对位置。（3）INDEX(员工工资表!B3:B32, MATCH(统计表!B5,JBGZ,0))的功能是在基本工资列中找到与最大基本工资相匹配的所在行对应的姓名。

📖 VLOOKUP 函数要求被搜索的值必须在要搜索的表区域的首列，本题被搜索的值不在首列，因此可以用 INDEX 函数进行检索。

② 各职称的统计情况，最终效果如图 4-62 所示。

	B11	▼	fx	=COUNTIF(员工档案表!$D$3:$D$32, A11)	
	A	B		C	
9	各职称的统计情况				
10	职称	人数			
11	高级工程师	5			
12	工程师	17			
13	助理工程师	7			
14	-	1			

图 4-62　各职称统计人数

步骤 1： 单击 B11 单元格，输入函数"=COUNTIF(员工档案表!D3:D32,A11)"。

步骤 2： 单击 B12 单元格，输入函数"=COUNTIF(员工档案表!D3:D32,A12)"。

步骤 3： 单击 B13 单元格，输入函数"=COUNTIF(员工档案表!D3:D32,A13)"。

步骤 4： 单击 B14 单元格，输入函数"=COUNTIF(员工档案表!D3:D32,A14)"。

本例还可以用绝对引用的方法来计算，在 B11 单元格中输入函数"=COUNTIF(员工档案表!$D$3:$D$32,A11)"，拖动填充柄向下填充至 B14 单元格即可。

③ 在 E12:E14 单元格区域中分别输入"1999""3999""5999"；选择 F11:F14 单元格区域，输入函数"=FREQUENCY(员工工资表!O3:O32,E12:E14)"，并按 Shift+Ctrl+ Enter 组合键确认。各实发工资段人数如图 4-63 所示。

	F11	▼	fx	{=FREQUENCY(员工工资表!O3:O32, E12:E14)}	
	📁 📁 模板专区 +				
	D	E		F	G
9	各实发工资段的人数统计				
10	说明	条件		人数	
11	2000元以下的人数			0	
12	2000-3999元的人数	1999		8	
13	4000-5999元的人数	3999		13	
14	6000元以上的人数	5999		9	

图 4-63　各实发工资段人数

④ 各部门的加班费总和统计。单击 B19 单元格，输入函数 "=SUMIF(加班费计算表!\$C\$3:\$C\$32,A19,加班费计算表!\$G\$3:\$G\$32)"，拖动填充柄向下填充至 B23 单元格。效果如图 4-64 所示。

⑤ 缺勤情况统计，效果如图 4-65 所示。

统计各部门的加班费的总和	
部门	加班费的总和
研发部	7693
市场部	194
技术支持部	1282
采购部	297
人事部	728

缺勤情况统计	
缺勤情况	缺勤人数
事假	11
病假	10
迟到	13

图 4-64　加班费统计　　　　　　图 4-65　缺勤情况统计

步骤 1: 单击 E19 单元格，输入函数 "=COUNTIF('考勤月扣款明细表'!F3:F32,"<>0")"。

步骤 2: 单击 E20 单元格，输入函数 "=COUNTIF('考勤月扣款明细表'!G3:G32,"<>0")"。

步骤 3: 单击 E21 单元格，输入函数 "=COUNTIF('考勤月扣款明细表'!H3:H32,"<>0")"。

⑥ 在 F28:G29 单元格区域中建立条件区，如图 4-66 所示。

	D28	▼	f_x =DSUM(员工工资表!A2:P32,员工工资表!G2,F28:G29)			
	A	B	C	D	E	F	G
26			其他情况统计				
27							
28	研发部的工程师的业绩奖金的总和			5055		部门	职称
29	技术支持部的工程师的平均应发工资			5633		研发部	工程师
30	研发部的员工的实发工资的最大值			7949			
31	市场部的男员工或研发部的高级工程师的最低实发工资			3554		部门	职称
32	财务部的女助理工程师的人数			2		技术支持部	工程师
33							
34	部门	性别	职称			部门	性别
35	市场部	男				研发部	男
36	研发部		高级工程师				
37							
38	所属部门	性别	职称				
39	财务部	女	助理工程师				

图 4-66　数据库函数统计效果

在 D28 单元格中输入函数 "=DSUM(员工工资表!A2:P32,员工工资表!G2,F28:G29)"。

⑦ 在 F31:G32 单元格区域中建立条件区，如图 4-66 所示。

在 D29 单元格中输入函数 "=DAVERAGE(员工工资表!A2:P32,员工工资表!L2,F31:G32)"。

⑧ 在 F34:F35 单元格区域中建立条件区，如图 4-66 所示。

在 D30 单元格中输入函数 "=DMAX(员工工资表!A2:P32,员工工资表!O2,F34:G35)"。

⑨ 在 A34:C36 单元格区域中建立条件区，如图 4-66 所示。

在 D31 单元格中输入函数 "=DMIN(员工工资表!A2:P32,员工工资表!O2,A34:C36)"。

⑩ 在 A38:C39 单元格区域中建立条件区，如图 4-66 所示。

在 D32 单元格中输入函数 "=DCOUNT(员工工资表!A2:P32,员工工资表!F2,A38:C39)"或 "=DCOUNTA(员工工资表!A2:P32,员工工资表!F2,A38:C39)"。

情 **5** 境

工资表中数据的处理与分析

在 Excel 中编辑好数据后，往往需要进行大量的计算和分析工作，利用公式与函数可以快速完成计算工作。如果要对大量数据进行处理与分析工作，如对数据进行排序、查找出满足条件的记录、对大量数据进行汇总分析等，又该如何进行呢？本情境将会一一做出介绍。

在本学习情境中，要完成 6 个工作任务，最终完成工资表数据的处理与分析。

任务 5.1　完成工资表的排序

任务 5.2　完成工资表的分类汇总

任务 5.3　完成工资表的数据筛选

任务 5.4　完成工资透视表的制作

任务 5.5　完成数据的合并计算

任务 5.6　建立图表

任 务 描 述

在本情境中，对"员工工资情景 3.xlsx"工作簿文件中的工作表数据完成排序、分类汇总、筛选出满足条件的记录并制作符合用户需求的数据透视表，具体要求如下。

1. 对"员工档案表"中的数据进行排序

先按所属部门排序，排列次序为研发部、技术支持部、市场部、采购部、人事部；当部门相同再按职称的降序排序。

2. 按下列要求汇总

（1）对"基本工资标准表"工作表中的数据清单进行分类汇总，按"部门"分类求出每个部门的部门工资、职位工资和基本工资的平均值。

（2）对"工龄工资计算表"工作表中的数据清单进行分类汇总，按"职位"分类求出每个职位的人数和工龄工资的最高额。

3. 在"员工工资表"中完成下列数据筛选操作

（1）将"员工工资表"复制到最后一个工作表后，并将工作表名称改为"员工工资表筛选1"，在该表中采用自动筛选的方式筛选出工程师的实发工资在4000~5000元的所有记录。

（2）将"员工工资表"复制到最后一个工作表后，并将工作表名称改为"员工工资表筛选2"，使用高级筛选筛选出研发部的职称为高级工程师的所有员工记录，条件区放置在A34开始的单元格区域中，并将筛选结果放在D34开始的单元格区域中。

（3）使用高级筛选筛选出研发部的应发工资在3500元及以上的女员工记录，条件区放置在A40开始的单元格区域中，并将筛选结果放在D40开始的单元格区域中（要求性别放在条件区域的最前面，然后是部门，最后是应发工资）。

（4）使用高级筛选筛选出男性工程师或男性高级工程师的所有员工记录，条件区放置在A47开始的单元格区域中，并将筛选结果放在D47开始的单元格区域中。

（5）使用高级筛选筛选出实发工资在2000元以下或者是5000元及以上的所有记录。条件区放置在A64开始的单元格区域中，并将筛选结果放在D64开始的单元格区域中。

4. 为"员工工资表"创建数据透视表

该任务要求反映不同部门不同性别的业绩奖金的最高值、应发工资的最低值、实发工资的最大值及各个部门的人数。要求部门放在行字段区，性别放在列字段区。数据透视表放在新工作表中，工作表名为"数据汇总表1"，数据透视表的名称为"工资透视表"，取消列总计。

任务5.1　完成工资表的排序

排序是用户在统计工作表中的数据时经常用到的一个功能。它是指在 Excel 中根据单元格中的数据类型，按照一定的方式进行重新排列。

5.1.1　单关键字排序

单关键字排序就是依据某列的数据规则对数据进行排序。主要有以下几种方法。

选择要排序列的任意一个单元格后，执行以下操作。

方法1：单击"数据"选项卡"排序和筛选"组中的"升序"按钮 ↓ 或"降序"按钮 ↓ ，可迅速按选定列的数据大小，从低到高或从高到低排序。

方法 2：右击选定的单元格，在弹出的快捷菜单中选择"排序"命令中的"升序"或"降序"命令。

方法 3：单击"数据"选项卡"排序和筛选"组中的"排序"按钮，弹出如图 5-1 所示的"排序"对话框，在"主要关键字"下拉列表框中选择要排序的关键字。

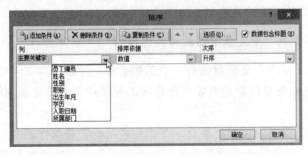

图 5-1 "排序"对话框

5.1.2 多关键字排序

多关键字排序就是依据多列的数据规则对数据表进行排序。在 Excel 2010 中，单击"数据"选项卡"排序和筛选"组中的"排序"按钮，或右击数据清单中的任一个单元格，在弹出的快捷菜单中选择"排序"｜"自定义排序"命令，弹出如图 5-1 所示的"排序"对话框，在该对话框中可以添加 64 个排序关键字。

（1）在图 5-2 所示的"排序"对话框中，单击按钮，可以添加关键字，如图 5-2 中是首先按"性别"关键字升序排序，如果性别相同再按"职称"关键字降序排序，如果职称相同再按"学历"关键字降序排序。

（2）选择要删除的关键字"职称"，单击按钮，删除"职称"关键字。

（3）单击按钮，则复制所选的关键字及排序条件。

（4）单击"上移"按钮或"下移"按钮，可以调整所选关键字的次序。

（5）如果进行排序的数据没有标题行，或者让标题行参与排序，可以在"排序"对话框中取消选中"数据包含标题"复选框。

（6）单击按钮，弹出如图 5-3 所示的"排序选项"对话框，可选择排序的方向和排序的方法。

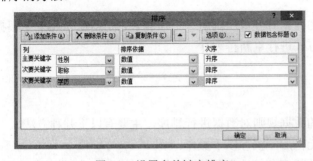
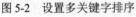

图 5-2 设置多关键字排序　　　　　图 5-3 "排序选项"对话框

【例 5-1】打开 Excel5-1.xlsx 工作簿文件，完成下列操作后以原文件名保存。

（1）对 Sheet1 中的数据清单按"性别"字段排序，要求男职工排在女职工的后面。

（2）对 Sheet2 中的数据清单先按"性别"字段递减排序，若性别相同，再按"职称"字段递增排序。

（3）对 Sheet3 中的数据清单先按"性别"字段递增排序，若性别相同，再按"职称"字段升序排序；若职称相同，最后按"学历"字段降序排序。

操作步骤如下。

步骤 1： 选择 Sheet1，选中数据清单中"性别"列的任一单元格，在"数据"选项卡的"排序和筛选"组中，单击其中的"降序"按钮工具栏中的"降序"按钮 🔽。

步骤 2： 选择 Sheet2，单击数据清单中的任一单元格，单击"数据"选项卡"排序和筛选"组中的"排序"按钮 🔽，弹出"排序"对话框，在"主要关键字"下拉列表框中选择"性别"，在"排序依据"下拉列表框中选择"数值"，"次序"下拉列表框中选择"降序"。单击 添加条件(A) 按钮，在"次要关键字"下拉列表框中选择"职称"，"次序"下拉列表框中选择"升序"，如图 5-4 所示，单击"确定"按钮。

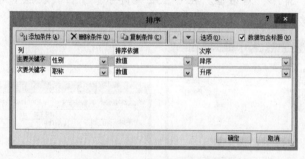

图 5-4　两个关键字排序设置

步骤 3： 选择 Sheet3，单击数据清单中的任一单元格，单击"数据"选项卡"排序和筛选"组中的"排序"按钮 🔽，在弹出的"排序"对话框中设置，如图 5-5 所示。

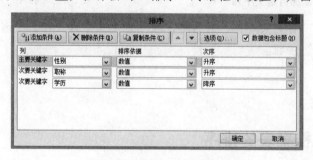

图 5-5　3 个关键字排序设置

5.1.3　自定义排序

除了按指定关键字进行排序外，还可按自定义序列排序。如学历按指定的顺序"中专、大专、本科、研究生"排序，学历按升序排序或降序排序都达不到这种效果，因此需要按自定义的排序方式。操作步骤分以下两步。

（1）选择"文件"|"选项"命令，弹出"Excel 选项"对话框，在"高级"选项卡的

"常规"栏中单击 编辑自定义列表(O)... 按钮，弹出"自定义序列"对话框，在该对话框中添加指定的序列顺序，如"中专、大专、本科、研究生"。

（2）选定数据清单中的任一单元格，单击"数据"选项卡"排序和筛选"组中的"排序"按钮 🔢，排序关键选择排序字段，在"次序"列表中选择"自定义序列"命令，然后在"自定义序列"中选择创建的序列即可。

【例 5-2】 打开 Excel5-2.xlsx 工作簿文件，对 Sheet1 中的数据清单按"市场部、研发部、技术支持部、财务部、采购部、人事部"的顺序排列，保存文件。操作步骤如下。

步骤 1： 选择 Sheet1，选择"文件"|"选项"命令，弹出"Excel 选项"对话框，在"高级"选项卡的"常规"栏中单击 编辑自定义列表(O)... 按钮，在弹出的"自定义序列"对话框中添加"市场部、研发部、技术支持部、财务部、采购部、人事部"序列，如图 5-6 所示。

步骤 2： 选择数据清单中的任一单元格，单击"数据"选项卡"排序和筛选"组中的"排序"按钮 🔢，打开"排序"对话框。在"主要关键字"下拉列表框中选择"所属部门"，在"次序"下拉列表框中选择"自定义序列"，如图 5-7 所示。

图 5-6　添加自定义序列

图 5-7　"排序"对话框设置

步骤 3： 弹出"自定义序列"对话框，在"自定义序列"列表中选择步骤 1 中创建的序列，单击"确定"按钮。

任务实施

——完成员工档案表的排序

步骤 1： 选择"员工档案表"，首先创建自定义序列。选择"文件"|"选项"命令，弹出"Excel 选项"对话框，在"高级"选项卡的"常规"栏中单击 编辑自定义列表(O)... 按钮，在弹出的"自定义序列"对话框中添加"研发部、技术支持部、市场部、采购部、人事部"序列，如图 5-8 所示，也可以在下面的步骤中添加自定义序列。

步骤 2： 单击数据清单中的任一单元格，在"数据"选项卡"排序和筛选"组中单击"排序"按钮 🔢，弹出"排序"对话框，在"主要关键字"下拉列表框中选择"所属部门"字段，在"次序"下拉列表框中选择"自定义序列"，选择步骤 1 中创建的序列（也可以在此处添加自定义序列），单击"确定"按钮，如图 5-9 所示。

图 5-8　建立自定义序列

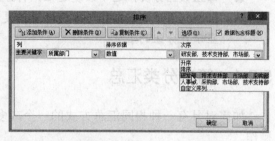

图 5-9　"排序"对话框设置

步骤 3：单击 按钮，在"次要关键字"下拉列表框中选择"职称"字段，在"次序"下拉列表框中选择"降序"，最后单击"确定"按钮，如图 5-10 所示。

图 5-10　添加关键字

任务 5.2　完成表格的分类汇总

分类汇总是对数据清单中的数据按某一字段分类，在分类的基础上进行汇总。即分类汇总是将同类的数据排列在一起（即将分类字段的值相等的记录放在一起），并对各类字段按指定的汇总方式进行汇总。因此分类汇总包括分类和汇总两种操作：先按分类字段进行分类（执行排序操作），然后再按照分类字段对指定的字段进行某种方式的汇总（执行分类汇总操作）。创建分类汇总的操作步骤如下。

步骤 1：选择数据清单中分类字段列的任一单元格，在"数据"选项卡"排序和筛选"组中单击"升序" 或"降序"按钮 。

步骤 2：选择数据清单中的任一单元格，单击"数据"选项卡"分级显示"组中的"分类汇总"按钮 ，在弹出的"分类汇总"对话框的"分类字段"下拉列表框中选择分类字段，如图 5-11 所示。

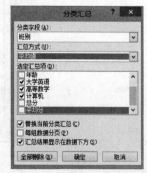

图 5-11　"分类汇总"对话框

- ➧ 分类字段：进行分类的字段，即排序所用的字段。
- ➧ 汇总方式：包括求和、计数、求平均值、求最大值和求最小值等统计方式。
- ➧ 选定汇总项：指要进行汇总的字段。

- 替换当前分类汇总：选中该复选框，将此次分类汇总结果替换已存在的分类汇总结果。
- 每组数据分页：选中该复选框，将分类后的每组数据分页显示。
- 汇总结果显示在数据下方：选中该复选框，汇总结果显示在每个分组下方，否则显示在分组的上方。

5.2.1 简单分类汇总

如需对具有一种相同汇总方式的一个或多个字段进行汇总，只需执行一次分类汇总操作。

【例5-3】打开 Excel5-3.xlsx 工作簿文件，完成下列操作后以原文件名保存。

（1）在 Sheet1 中按班别分类统计每个班的人数。

（2）在 Sheet2 中按班别分类统计每个班的大学英语、高等数学和计算机的平均分。

操作步骤如下。

（1）对单个字段进行一种汇总方式汇总。

步骤1： 选择 Sheet1 中数据清单中的任一单元格，单击"数据"选项卡"排序和筛选"组中的"排序"按钮，弹出"排序"对话框，在"主要关键字"下拉列表框中选择"班别"字段，选择升序，单击"确定"按钮。

步骤2： 单击"数据"选项卡"分级显示"组中的 按钮，在弹出的"分类汇总"对话框的"分类字段"下拉列表框中选择"班别"，"汇总方式"选择"计数"，在"选定汇总项"列表框中选择"班别"，取消其他汇总字段，汇总结果即显示在该汇总字段下方，其余按默认设置，分类汇总设置及汇总结果如图5-12所示。

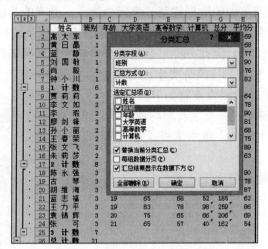

图5-12 分类汇总设置及效果1

由汇总结果可见1班6人，2班8人，3班7人，3个班合计21人。

（2）对多个字段进行一种汇总方式汇总。

步骤1： 选择 Sheet2 中数据清单中的班别列中的任一单元格，单击"数据"选项卡"排序和筛选"组中的"升序"按钮⬆↓（先按分类字段"班别"排序）。

步骤2：单击"数据"选项卡"分级显示"组中的 📊分类汇总 按钮，在弹出的"分类汇总"对话框的"分类字段"下拉列表框中选择"班别"，"汇总方式"选择"平均值"，在"选定汇总项"列表框中选中"大学英语""高等数学""计算机"，其他不需要统计的字段前面的复选框取消选中（取消选定"平均分"），其余按默认设置，汇总设置及汇总结果如图5-13所示。

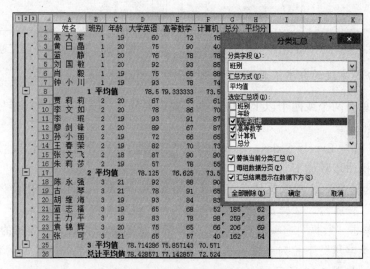

图 5-13 分类汇总设置及效果 2

5.2.2 复杂分类汇总

1. 同一分类字段的多种分类汇总方式

若需对具有两种及两种以上的不同汇总方式的一个或多个字段进行汇总，则要执行多次分类汇总，且在执行第二次及以后几次的分类汇总都要在"分类汇总"对话框中取消选中"替换当前分类汇总"复选框。

【例5-4】打开 Excel5-4.xlsx，在 Sheet1 中按班别分类统计每个班的平均年龄、平均分的平均值及总分的最大值。操作步骤如下。

步骤1：选择 Sheet1 数据清单中的班别列的任一单元格，单击"数据"选项卡"排序和筛选"组中的"升序"按钮⬆↓。

步骤2：单击"数据"选项卡"分级显示"组中的 📊分类汇总 按钮，在弹出的"分类汇总"对话框的"分类字段"下拉列表框中选择"班别"，"汇总方式"选择"平均值"，"选定汇总项"选择"年龄"和"平均分"，设置如图5-14所示。

步骤3：再次单击"数据"选项卡"分级显示"组中的 📊分类汇总 按钮，在弹出的"分类汇总"对话框的"分类字段"下拉列表框中仍然选择"班别"，"汇总方式"选择"最大值"，"选定汇总项"选择"总分"，取消选中"替换当前分类汇总"复选框，单击"确定"按钮，设置如图5-15所示。最终效果如图5-16所示。

图 5-14　第一次分类汇总　　图 5-15　第二次分类汇总　　图 5-16　执行两次分类汇总的效果

2. 多个分类字段的分类汇总

若分类汇总有两个或两个以上字段，则需要根据分类字段的关键次序排序，按最后一个关键字分类汇总。

【例 5-5】打开 Excel5-5.xlsx，在 Sheet1 中按性别、职称分类汇总出男、女职工中各种职称的人数。操作步骤如下。

步骤 1：选择 Sheet1 中数据清单中的任一单元格，单击"数据"选项卡"排序和筛选"组中的"排序"按钮，在弹出的"排序"对话框中设置如图 5-17 所示。

步骤 2：单击"数据"选项卡"分级显示"组中的 分类汇总 按钮，在弹出的"分类汇总"对话框的"分类字段"下拉列表框中选择"职称"（第二关键字），在"分类汇总"对话框中进行设置，如图 5-18 所示。

图 5-17　"排序"对话框中的设置　　　　图 5-18　"分类汇总"对话框中的设置

5.2.3　分类汇总的其他操作

1. 分级显示分类汇总结果

对数据清单进行分类汇总后，Excel 会自动按汇总时的分类对数据清单进行分级显示，并且在数据清单的行号左侧出现一些层次分级显示按钮 ➖ 和 ➕，单击 ➕ 按钮显示明细数据，单击 ➖ 按钮隐藏明细数据。简单分类汇总以三级显示，复杂分类汇总以四级或四级以上显示，在列标的最左侧以"1234"4 个按钮进行显示级别的控制。如果执行一次分类汇总则只显示"123"三级，如果执行两次分类汇总，则显示"1234"四级，依此类推。

（1）单击"1"按钮，折叠数据清单和每个类别的汇总结果，只显示数据清单中的所有类别的总计结果。

（2）单击“2”按钮，折叠数据清单，显示第一次分类汇总结果及所有类别的总计。

（3）单击“3”按钮，折叠数据清单，显示前两次分类汇总结果及所有类别的总计。

（4）单击最后一级按钮，显示数据清单，显示所有的分类汇总结果及所有类别的总计。

2. 删除分类汇总

选择数据清单中的任一单元格，单击“数据”选项卡“分级显示”组中的分类汇总按钮，在弹出的“分类汇总”对话框中单击全部删除(R)按钮，即可删除全部的分类汇总。

任务实施

——完成工资表中数据的分类汇总

步骤 1： 选择“基本工资标准汇总”工作表，先按“部门”排序，单击“部门”中的任一单元格，单击“数据”选项卡“排序和筛选”组中的“升序”按钮。单击“数据”选项卡“分级显示”组中的“分类汇总”按钮，在弹出的“分类汇总”对话框中进行设置，如图 5-19 所示，注意：“分类字段”一定要选择“部门”，设置好后单击“确定”按钮。

步骤 2： 选择“工龄工资计算汇总”工作表，先按“职位”排序，单击“职位”列中的任一单元格，单击“数据”选项卡“排序和筛选”组中的“升序”按钮。然后单击“数据”选项卡“分级显示”组中的分类汇总按钮，在弹出的“分类汇总”对话框中进行设置，“分类字段”选择“职位”，“汇总方式”选择“计数”，“选定汇总项”选择“职位”，设置如图 5-20 所示。

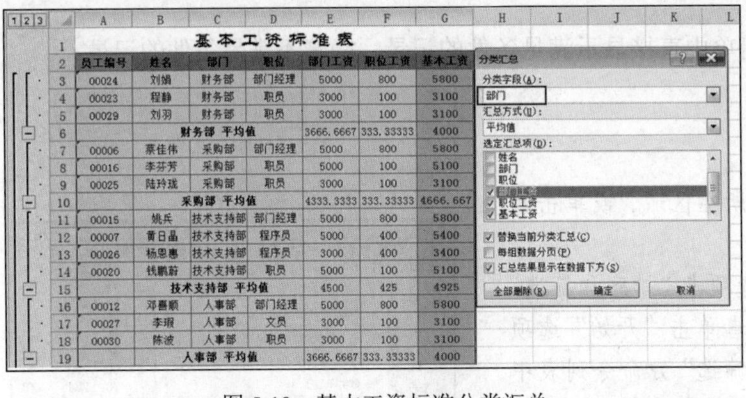

图 5-19　基本工资标准分类汇总

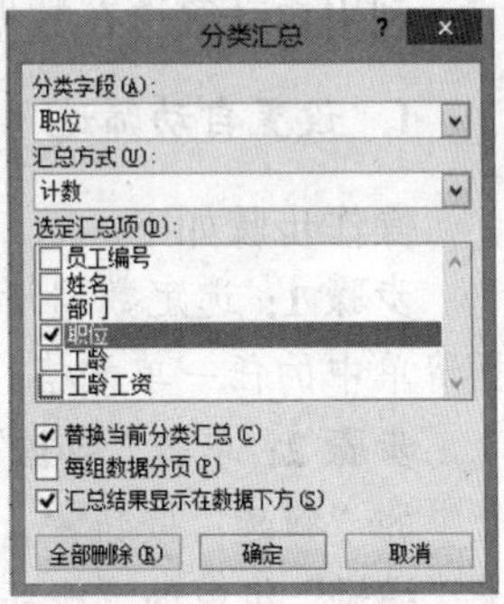

图 5-20　分类汇总 1

再次单击“数据”选项卡“分级显示”组中的分类汇总按钮，在弹出的“分类汇总”对话框中的“分类字段”仍然选择“职位”，“汇总方式”选择“最大值”，“选定汇总项”选择“工龄工资”，取消选中“替换当前分类汇总”复选框，设置如图 5-21 所示。

分类汇总一定要按分类字段先排序，有几种分类汇总方式，就需要执行几次分类汇总，还要注意除第一次分类汇总之外的其他几次分类汇总均需取消选中“替换当前分类汇总”复选框。

工龄工资的分类汇总最终效果如图 5-22 所示。

图 5-21　分类汇总 2

	工龄工资计算表				
员工编号	姓名	部门	职位	工龄	工龄工资
00002	张文飞	研发部	部门经理	6	600
00004	贾莉莉	市场部	部门经理	5	500
00006	蔡佳伟	采购部	部门经理	4	400
00012	邓喜顺	人事部	部门经理	4	400
00015	姚兵	技术支持部	部门经理	5	500
00024	刘娟	财务部	部门经理	4	400
			部门经理 最大值		600
			部门经理 计	6	
00001	李扬帆	研发部	程序员	11	1100
00007	黄日晶	技术支持部	程序员	4	400

图 5-22　工龄工资分类汇总

任务 5.3　完成表格的数据筛选

数据的筛选是从数据清单中有选择地显示出满足条件的记录，将不满足条件的记录所在的行隐藏起来，同时筛选出来的记录行号以蓝色标示。Excel 2010 提供了两种筛选方式，即自动筛选和高级筛选。自动筛选一般适合条件简单的筛选操作，如同一列之间是 AND（与）或 OR（或）关系的条件，不同列之间是 AND（与）关系的条件。对于复杂的条件、不同列之间是 OR 的关系就必须用高级筛选，高级筛选可以筛选出满足任意条件的记录。

5.3.1　自动筛选

利用自动筛选在数据清单中直接显示满足条件的记录，隐藏不满足条件的记录。

1. 设置自动筛选

操作步骤如下。

步骤 1：选定数据清单所在区域，或单击数据清单中的任一单元格。

步骤 2：单击"数据"选项卡"排序和筛选"组中的"筛选"按钮，或者单击"开始"选项卡"编辑"组中的"排序和筛选"命令列表中的筛选按钮，此时数据清单中的每个字段名右边都会出现一个下三角按钮，单击字段右边的下三角按钮，弹出如图 5-23 所示的列表。

选择如图 5-24 所示的"数字筛选"命令，则在其级联菜单命令中可以设置自动筛选的条件，选择级联菜单中的任何一个命令，都会弹出如图 5-25 所示的"自定义自动筛选方式"对话框。

图 5-23　自动筛选设置

图 5-24　设置筛选条件　　　　　图 5-25　"自定义自动筛选方式"对话框

自定义筛选条件的设置方法为：选定一种关系运算后，在右边对应的编辑列表框中输入（或选定）所需的值。当字段为字符型时，可用通配符"？"或"＊"指定任意值。

每一个字段（同列）最多可以设置两个条件，它们之间可以是"与"的关系，也可以是"或"的关系。筛选过的字段后面显示"漏斗"图标，鼠标指针指向该图标，即可显示相应的筛选条件，如图 5-26 所示。

图 5-26　应用筛选

2. 显示筛选后的所有记录和取消自动筛选

（1）单击每个条件所对应字段名右边的 按钮，选择 【全选】选项，或单击"数据"选项卡"排序和筛选"组中的 清除 按钮，显示所有记录，但字段右边仍有下三角按钮 。

（2）再次单击"筛选"按钮 ，取消自动筛选。

【例 5-6】打开 Excel5-6.xlsx 工作簿文件，完成下列操作后以原文件名保存。

（1）在 Sheet1 中使用自动筛选筛选出 1 班的所有记录。

（2）在 Sheet2 中使用自动筛选筛，选出大学英语在 80～90（包括 80 和 90 分）的所有记录。

（3）在 Sheet3 中使用自动筛选，筛选出高等数学成绩在 60 分以下或者 85 分以上及计算机成绩超过 85 分的所有记录。

操作步骤如下。

步骤 1：单击 Sheet1 数据清单中的任一单元格，单击"数据"选项卡"排序和筛选"组中的"筛选"按钮 ，然后单击"班别"旁边的下三角按钮，在其下拉列表中选择"1"，如图 5-27 所示。

步骤 2：单击 Sheet2 数据清单中的任一单元格，单击"数据"选项卡"排序和筛选"组中的"筛选"按钮 ，单击"大学英语"旁边的下三角按钮，在其下拉列表中选择"数字筛选"下的"介于"命令，弹出"自定义自动筛选方式"对话框，设置如图 5-28 所示。

图 5-27　筛选"1 班"的记录

图 5-28　自定义条件设置

　　步骤 3：单击 Sheet3 数据清单中的任一单元格，单击"数据"选项卡"排序和筛选"组中的"筛选"按钮 ，单击"高等数学"字段右边的下拉按钮，在其下拉列表中选择"数字筛选"级联菜单中的"自定义筛选"命令，设置如图 5-29 所示。再选择"计算机"下拉列表中的"数字筛选"级联菜单中的"大于"命令，设置如图 5-30 所示。

图 5-29　自定义条件设置 1

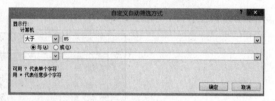

图 5-30　自定义条件设置 2

　　思考：如果把第（3）题改为在 Sheet3 中筛选出高等数学成绩在 60 分以下或者 85 分以上或计算机成绩超过 85 分的所有记录，用自动筛选如何实现？若要筛选出英语成绩在 85 分以上或者高等数学成绩在 85 分以上，或者计算机成绩在 85 分以上的所有记录，用自动筛选可以实现吗？

　　答案是不能实现以上操作，必须用高级筛选。自动筛选只能筛选出列和列之间是"与"的关系的记录（多个条件同时成立），不能筛选出列和列之间是"或"的关系的记录（多个条件之间只能满足其中的一个）。

5.3.2　高级筛选

　　使用高级筛选可以筛选出满足任意条件的记录，但在使用高级筛选之前必须建立条件区域。

1. 条件区域的创建

　　所谓条件区域是在工作表的空白单元格区域创建的至少由两行和若干列组成的一块区域。其建立方法如下。

　　（1）条件区域的第一行为条件字段标题（即数据清单的列标题），不管有多少个条件，将条件所对应的字段名依次复制到条件区第一行相邻的不同单元格中（字段名也可直接输入）。如果是直接输入要注意：条件字段名必须与数据清单的字段名相同。

　　（2）条件区域的第二行及以下各行为条件，条件放置的位置必须和相应的字段名相对应，条件必须和字段名所对应值的数据类型一致。

（3）同一行的条件互为"与"（AND）的关系（多个条件须同时满足），不同行之间为"或"（OR）的关系（多个条件只要满足其中的一个即可）。

（4）条件区域不能多选空白单元格或空白单元格区域，否则视为无条件。

（5）条件中可以使用通配符"?"和"*"。

2. 高级筛选

自动筛选一般用于筛选条件不复杂的记录，列和列之间的条件是与的关系且在原数据清单的位置筛选；要进行复杂筛选或将筛选结果放置在相同工作表的其他空白单元格区域或放在其他工作表中，则要用高级筛选。使用高级筛选需要在一个空白单元格区域创建一个条件区域，且条件区域不能与筛选结果区域位置重叠。

【例 5-7】打开 Excel5-7.xlsx 工作簿文件，完成下列操作后以原文件名保存。

（1）在 Sheet1 的数据清单中，筛选出 2 班的高等数学成绩大于或等于 85 分的所有记录。条件区域放置在该工作表的 J1 为左上角的区域，筛选结果放置在 J5 为左上角的区域。

（2）在 Sheet2 的数据清单中，筛选出大学英语成绩大于 85 分或者高等数学成绩大于 85 分或者计算机成绩大于 85 分的所有记录。条件区域放置在该工作表的 J1 为左上角的区域，筛选结果放置在 J5 为左上角的区域。

（3）在 Sheet3 的数据清单中，筛选出 3 班的平均分大于等于 60 分且小于 85 分的所有记录。条件区域放置在该工作表的 J1 为左上角的区域，筛选结果放置在 J5 为左上角的区域。

（4）在 Sheet4 的数据清单中，筛选出 1 班的大学英语成绩大于 85 分或 1 班的计算机成绩大于 85 分的所有记录。条件区域放置在该工作表的 J1 为左上角的区域，筛选结果放置在 J5 为左上角的区域。

（5）在 Sheet5 的数据清单中，筛选出姓"刘"的或总分超过 250 分的所有记录。条件区域放置在该工作表的 A24 为左上角的区域，筛选结果放置在原有区域。

操作步骤如下。

（1）选择 Sheet1，操作步骤如下。

步骤 1：在 Sheet1 的 J1:K2 单元格区域建立条件区域，条件区域的第一行是条件字段名，这两个条件之间是"与"的关系，应该放在同一行，注意字段名是"高等数学"，而不是"高等数学成绩"，班别的值是"2"，而不是"2 班"，必须和数据清单中保持一致。

步骤 2：单击数据清单中的任一单元格，单击"数据"选项卡"排序和筛选"组中的 高级 按钮，弹出"高级筛选"对话框。

步骤 3：在"方式"栏中选中"将筛选结果复制到其他位置"单选按钮，单击"列表区域"后的折叠按钮，选择要筛选的数据区域，如果筛选前是定位在数据清单中，Excel 会自动选择数据区；单击"条件区域"后的折叠按钮，选择条件区域 J1:K2，条件区域不能多选，否则等于无条件；最后单击"复制到"后面的折叠按钮，单击 J5 单元格或输入"J5"，如选中"选择不重复的记录"复选框，则相同的记录只显示一次，单击"确定"按钮。条件区域、筛选设置及筛选结果如图 5-31 所示。

图 5-31　高级筛选 1

（2）选择 Sheet2，操作步骤如下。

步骤 1： 在 Sheet2 的 J1:L4 单元格区域建立条件区域，条件区域的第一行是条件字段名，这 3 个条件之间是"或"的关系，条件应该放在不同行，条件区域如图 5-30 所示。

步骤 2： 单击数据清单中的任一单元格，单击"数据"选项卡"排序和筛选"组中的 高级 按钮，弹出"高级筛选"对话框。

步骤 3： "高级筛选"对话框设置、条件区域及筛选结果如图 5-32 所示。

图 5-32　高级筛选 2

（3）选择 Sheet3，操作步骤如下。

步骤 1： 在 Sheet3 的 J1:L2 单元格区域建立条件区域，条件区域的第一行是条件字段名，这 3 个条件之间是"与"的关系，条件应该放在同一行，条件区域如图 5-33 所示。

图 5-33　高级筛选 3

步骤 2： 单击数据清单中的任一单元格，单击"数据"选项卡"排序和筛选"组中的 高级 按钮，弹出"高级筛选"对话框。

步骤 3： "高级筛选"对话框设置、条件区域及筛选结果如图 5-33 所示。

（4）选择 Sheet4，操作步骤如下。

步骤 1： 在 Sheet4 的 J1:L3 单元格区域建立条件区域，条件区域的第一行是条件字段名，这 4 个条件班别和大学英语之间是"与"的关系，放在同一行；班别和计算机之间是"与"的关系，也要放在同一行；但大学英语和计算机是"或"的关系，放在不同行，条件区域如图 5-34 所示。

步骤 2： 单击数据清单中的任一单元格，单击"数据"选项卡"排序和筛选"组中的 高级 按钮，弹出"高级筛选"对话框。

步骤 3： "高级筛选"对话框设置、条件区域及筛选结果如图 5-34 所示。

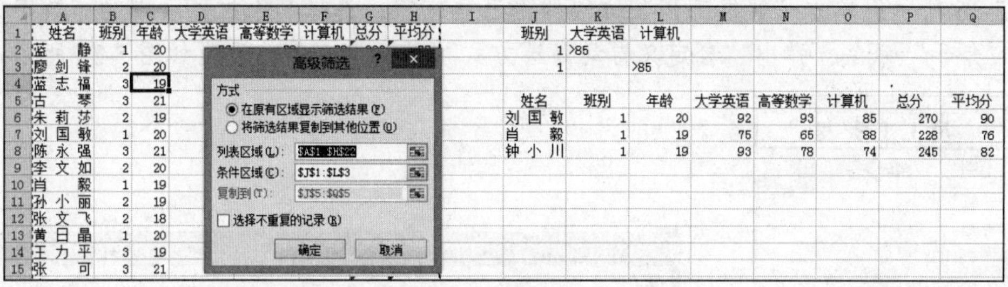

图 5-34　高级筛选 4

（5）选择 Sheet5，操作步骤如下。

步骤 1： 在 Sheet5 的 A24:B26 单元格区域建立条件区域，条件区域的第一行是条件字段名，这两个条件是"或"的关系，条件放在不同行；姓"刘"的，即是姓名以"刘"开头的字符串，由于姓刘的姓名可能是两个字也可能是 3 个字，因此要用"*"号不用"?"，条件区域如图 5-35 所示。

步骤 2： 单击数据清单中的任一单元格，单击"数据"选项卡"排序和筛选"组中的 高级 按钮，弹出"高级筛选"对话框。

步骤 3： "高级筛选"对话框设置、条件区域及筛选结果如图 5-35 所示。

图 5-35　高级筛选 5

📖 "高级筛选"对话框中的所有区域，既可以输入，也可单击折叠按钮 来选定。

3. 删除高级筛选

如果要将筛选结果放在其他位置，只需要删除条件区域和筛选结果区域即可。如果筛选结果是在原区域显示，则删除条件区域后，单击数据清单中的任一单元格，两次单击"数据"选项卡"排序和筛选"组中的"筛选"按钮 。

任务实施

——完成工资表中数据的筛选

步骤 1：复制"员工工资表"至最后一个工作表后，双击表标签，重命名为"员工工资表筛选 1"。选择数据清单中的任一单元格，单击"数据"选项卡"排序和筛选"组中的"筛选"按钮 ，单击"职称"旁边的下三角按钮，在其下拉列表中选择"工程师"，如图 5-36 所示；单击"实发工资"旁边的下三角按钮，选择其下拉列表中的"数字筛选"下的"介于"命令，弹出"自定义自动筛选方式"对话框，具体设置如图 5-37 所示。

图 5-36 "职称"筛选设置

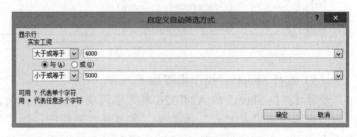

图 5-37 "实发工资"筛选设置

步骤 2：继续复制"员工工资表"，重命名为"员工工资表筛选 2"。在 A34 单元格为左上角的区域建立条件区域，单击"数据"选项卡"排序和筛选"组中的 高级 按钮，弹出"高级筛选"对话框，具体设置如图 5-38 所示，设置好后单击"确定"按钮。

步骤 3：在 A40 单元格为左上角的区域建立条件区域，单击"数据"选项卡"排序和筛选"组中的 高级 按钮，弹出"高级筛选"对话框，具体设置如图 5-39 所示，设置好后单击"确定"按钮。

图 5-38 高级筛选设置 1

图 5-39 高级筛选设置 2

步骤 4：在 A47 单元格为左上角的区域建立条件区域，单击"数据"选项卡"排序和筛选"组中的 高级 按钮，弹出"高级筛选"对话框，具体设置如图 5-40 所示，设置好后单击"确定"按钮。

步骤 5： 在 A64 单元格为左上角的区域建立条件区域，单击"数据"选项卡"排序和筛选"组中的 高级 按钮，弹出"高级筛选"对话框，具体设置如图 5-41 所示。条件区域也可以按照如图 5-42 所示创建。

图 5-40　高级筛选设置 3

图 5-41　高级筛选设置 4

实发工资	实发工资
<2000	
	>=5000

图 5-42　条件区域

任务 5.4　完成数据透视表的制作

数据透视表是一种对大量数据进行快速汇总并建立交叉列表的交互式表格，它不仅能够直观地反映数据的对比关系，而且还具有很强的数据筛选和汇总功能。

1. 创建数据透视表

数据透视表能够将筛选、排序和分类汇总等操作依次完成，并生成汇总表格。

【例 5-8】打开 Excel5-8.xlsx 工作簿文件，对 Sheet1 中的数据清单创建数据透视表，班别放在行字段，数据项为大学英语成绩的最低分、高等数学成绩的平均值、计算机成绩的最高分。取消列总计，名称为"成绩透视表"，数据透视表置于当前工作表的 J2 单元格为左上角的区域，效果如图 5-43 所示。

图 5-43　数据透视表效果

操作步骤如下。

步骤 1：选择数据清单中的任一单元格，选择"插入"选项卡，单击功能区最左边的 按钮下的 下拉列表中的 数据透视表(T)，弹出"创建数据透视表"对话框。在该对话框中设置数据区和选择数据透视表存放的位置，如图 5-44 所示，单击"确定"按钮。

步骤 2：在步骤 1 中单击"确定"按钮后，此时系统会自动在当前工作表的 J2 单元格为左上角的区域创建一个数据透视表的基本框架，并弹出"数据透视表字段列表"任务窗格，如图 5-45 所示。

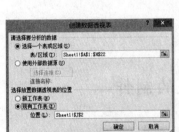

图 5-44　"创建数据透视表"对话框　　　　图 5-45　数据透视表框架和字段列表

步骤 3：将"选择要添加到报表的字段"下面的"班别"字段拖至"行标签"下面的区域，或者选择"班别"字段后右击，在弹出的快捷菜单中选择 添加到行标签 命令。同样方法，将"大学英语""高等数学""计算机"字段拖至"数值"下面的区域，如图 5-46 所示。单击"字段节和区域节层叠"按钮 ，如图 5-47 所示，用于设置"数据透视表字段列表"任务窗格的显示样式。

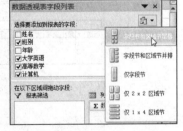

图 5-46　添加字段　　　　　　　　　　图 5-47　数据透视表字段列表样式

步骤 4：单击"数值"项下面的"求和项：大学英语"，在弹出的如图 5-48 所示的列表中选择"值字段设置"，弹出"值字段设置"对话框，如图 5-49 所示。在"计算类型"列表框中选择"最小值"，同样方法设置高等数学的"计算类型"为"平均值"，设置计算机的"计算类型"为"最大值"。单击"数字格式"按钮，可以设置数字的格式。

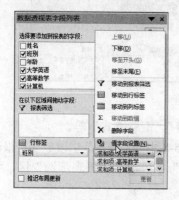 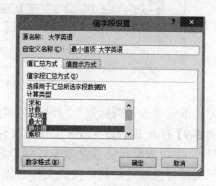

图 5-48　设置值字段　　　　　　图 5-49　"值字段设置"对话框

步骤 5：在数据透视表中选择任一单元格，则会出现"数据透视表工具"选项卡，分为"选项"和"设计"两个选项卡。选择"选项"选项卡，功能区如图 5-50 所示。

图 5-50　"数据透视表"选项卡

将该选项卡最左边"数据透视表名称"下面的"数据透视表 1"改为"成绩透视表"。单击 选项▾ 按钮，弹出如图 5-51 所示的对话框，在该对话框中也可以输入数据透视表的名称，在"汇总和筛选"选项卡的"总计"栏中取消选中"显示列总计"复选框。

选择"数据透视表工具"下面的"设计"选项卡，如图 5-52 所示，在该选项卡中可以设置数据透视表的样式。

图 5-51　"数据透视表选项"对话框

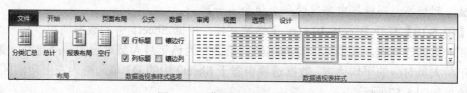

图 5-52　"数据透视表"设计

在数据透视表中，凡是要汇总的字段一般要拖至 Σ 数值 下面的区域。

2. 编辑数据透视表

数据透视表生成后，可以修改数据透视表，如上例中将"班别"字段拖至"报表筛选"下面的区域，则"班别"字段中的每个班分别会对应一张汇总表，所有班别对应一张汇总表，效果如图 5-53 所示。

图 5-53　报表筛选

还可以继续修改"列标签""行标签""汇总字段""汇总方式"等。

【例 5-9】打开 Excel5-9.xlsx 工作簿文件，将例 5-8 中的"班别"字段放至"报表筛选"区，"年龄"字段放至行标签区效果如何？将"班别"字段放至"报表筛选"区，"年龄"字段放至列标签区效果如何？按原文件名保存。

"班别"字段拖至"报表筛选"区，"年龄"字段拖至行标签区，效果如图 5-54 所示。"班别"字段拖至"报表筛选"区，"年龄"字段拖至列标签区，效果如图 5-55 所示。

图 5-54　数据透视表效果 1

图 5-55　数据透视表效果 2

通过上面的例子，"报表筛选"区、"行标签"区和"列标签"区的功能如下。

- 报表筛选：报表筛选中字段的每个唯一值会分别生成一个汇总表，所有值也会生成一个汇总表。
- 行标签：行标签中字段的每个值至少占一行，如果有两种汇总方式，则每个值会占两行。
- 列标签：列标签中字段的每个值会占一列。

【例 5-10】打开 Excel5-10.xlsx 工作簿文件，根据 Sheet1 中的数据清单，作一个由 3 行组成的数据透视表，其中第 1 行为年龄，第 2 行为该年龄人员对应的最高身高，第 3 行为该年龄人员对应的平均体重，数据透视表置于 Sheet2 中的 D3 单元格为左上角的区域中，最终效果如图 5-57 所示。

分析：该数据透视表共有 3 个字段：年龄、身高和体重。由于"身高"和"体重"字段要进行汇总，必须放到"数值"区，由于第 1 行为各年龄的值，即所有年龄的值放在同一行，因此"年龄"字段拖至列标签区，注意"列标签"区的 Σ数值 必须拖至行标签区。数据透视表字段设置如图 5-56 所示，最终效果如图 5-57 所示。

3．删除数据透视表

如果要清除数据透视表中的内容，则可单击"数据透视表工具"中"选项"选项卡的

下拉列表中的 × | 全部清除(C) 按钮。选择数据透视表所有内容，右击，在弹出的快捷菜单中选择"删除"命令，则可以删除数据透视表。

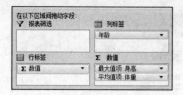

图 5-56　数据透视表字段设置

D	E	F	G	H	I
	将报表筛选字段拖至此处				
	年龄				
数据	3	4	5	6	总计
最大值项:身高	76	82	82	102	102
平均值项:体重	15.25	17.625	20.25	25.7	20.36666667

图 5-57　数据透视表最终效果

任务实施

——完成工资透视表的制作

步骤 1： 单击"员工工资表"数据清单中的任一单元格，单击"插入"选项卡"表格"组中的 数据透视表① 按钮，在弹出的"创建数据透视表"对话框中选中"新工作表"单选按钮，单击"确定"按钮。

步骤 2： 在"数据透视表字段列表"中，将"部门"字段拖至"行标签"区，将"性别"拖至"列标签"区，将"业绩奖金""应发工资""实发工资""部门"字段拖至"数值"区，然后单击"数值"区中的每个字段的下拉按钮，在弹出的菜单中选择"值字段设置"命令，在弹出的"值字段设置"对话框中分别选择相应的汇总类型。将 Σ 数值 ▼ 由"列标签"区拖至"行标签"区，设置效果如图 5-58 所示。

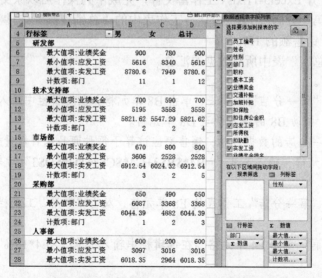

图 5-58　"员工工资表"数据透视表效果

步骤 3： 双击数据透视表的新工作表标签，输入工作表名"数据汇总表 1"。选择数据透视表，切换到"数据透视表工具"选项卡，在"选项"选项卡中的"数据透视表名称"下面的文本框中输入"工资透视表"，也可以选择"数据透视表"下拉列表中的"选项"命令，在弹出的"数据透视表选项"对话框的"名称"文本框中输入"工资透视表"，如图 5-59

所示。

步骤 4：选择"汇总和筛选"选项卡，取消选中"显示列总计"对话框，如图 5-60 所示。

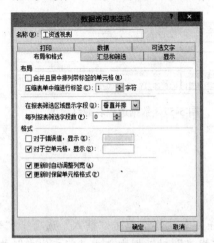

图 5-59　设置数据透视表名称

图 5-60　取消显示列总计

任务 5.5　完成数据的合并计算

利用 Excel 中的合并计算功能，可以对多个工作表中的数据同时进行汇总操作。

【例 5-11】打开 Excel5-11.xlsx 工作簿文件，完成下列操作后以原文件名保存。

（1）完成"第一分店""第二分店"工作表中的"总销售额""销售额""利润"的计算，其中利润等于销售额的 15%。

（2）完成"总店"表中所有数据的汇总。

操作步骤如下。

步骤 1：单击"第一分店"工作表，单击 B8 单元格，在编辑栏中输入函数"=SUM(B4: B7)*B3"后确定，拖动 B8 的填充柄至 D8 单元格。

步骤 2：由第一分店的数据可知，销售额应该等于每种商品销售数量乘以该商品单价的总和。单击 E4 单元格，输入公式"=B4*$B$3+C4*$C$3+D4*$D$3"后确定，拖动填充柄至 E7 单元格。

步骤 3：单击"第一分店"工作表的 E8 单元格，双击"常用"工具栏中的"自动求和"按钮 Σ·。

步骤 4：求利润。单击 F4 单元格，在编辑栏中输入公式"=E4*15%"，拖动填充柄填充至 F8 单元格。

上述操作的最终效果如图 5-61 所示。

步骤 5：单击"第二分店"工作表，发现第二分店的数据除了每季度的销售量与第一分店不一样外，其他完全一样，因此可以采用公式复制的方法完成。当然也可采用第一分店的计算方法。单击"第一分店"工作表的 B8 单元格，复制；选择"第二分店"工作表的 B8:D8 单元格区域并右击，在弹出的快捷菜单中选择"粘贴选项"中的"公式"命令 ƒₓ。

用同样方法完成其他单元格公式的复制。最终效果如图 5-62 所示。

E4			f_x =B4*$B$3+C4*$C$3+D4*$D$3		
	A	B	C	D	E	F
1	第一分店					
2	商品名	商品A	商品B	商品C	销售额	利润
3	单价	2300	516	1350		
4	一季度	500	1200	1000	3119200	467880
5	二季度	650	1000	950	3293500	494025
6	三季度	1100	820	700	3887800	583170
7	四季度	900	1300	880	3928800	589320
8	总销售额	7245000	2218800	4765500	14229300	2134395
9						

图 5-61　"第一分店"效果

B8			f_x =SUM(B4:B7)*B3		
	A	B	C	D	E	F
1	第二分店					
2	商品名	商品A	商品B	商品C	销售额	利润
3	单价	2300	516	1350		
4	一季度	800	1000	1200	3976000	596400
5	二季度	500	1250	780	2848000	427200
6	三季度	820	960	660	3272360	490854
7	四季度	1260	1150	1080	4949400	742410
8	总销售额	7774000	2249760	5022000	15045760	2256864
9						

图 5-62　"第二分店"效果

步骤 6：总店表格和各分店表格一样，先将任一分店的商品单价复制到总公司相应的商品单价处。其他数据汇总可采用以下两种方法来完成统计。

方法 1：公式法

总店的数据应该分别等于两个分店相应的数据之和。因此，单击"总店"工作表的 B4 单元格，在编辑栏中输入公式"=第一分店!B4+第二分店!B4"，单击"确定"按钮。拖动 B4 单元格的填充柄至其他需要计算的区域。

方法 2：合并计算法

首先，将第一分店或第二分店中的单价复制到总店表中的相应位置。选定"总店"工作表的 B4:F8 单元格区域，单击"数据"选项卡"数据工具"组中的 合并计算 按钮，弹出"合并计算"对话框。

其次，选择"所有引用位置"列表框中已有的内容，单击"删除"按钮，删除所有引用位置列表中的所有内容，如果为空则此步骤不执行。

最后，在"函数"下拉列表框中选择"求和"，单击"引用位置"右边的折叠按钮，单击"第一分店"工作表，选择 B4:F8 单元格区域，单击"添加"按钮，再单击折叠按钮，单击"第二分店"工作表，选择 B4:F8 单元格区域（一般会自动选定），单击"添加"按钮，如图 5-63 所示，单击"确定"按钮。

如果在第③步中"总店"选择的是 A4:F8 单元格区域，则在"合并计算"对话框中的引用位置须添加"第一分店!$A$4:$F$8"的数据区域及"第一分店!$A$4:$F$8"数据区域，而且在"合并计算"对话框中须选中"最左列"复选框，最后单击"确定"按钮。

"总店"的最终效果如图 5-64 所示。

图 5-63　"合并计算"对话框

B4			f_x 1300		
	A	B	C	D	E	F
1	总店					
2	商品名	商品A	商品B	商品C	销售额	利润
3	单价	2300	516	1350		
4	一季度	1300	2200	2200	7095200	1064280
5	二季度	1150	2250	1730	6141500	921225
6	三季度	1920	1760	1360	7160160	1074024
7	四季度	2160	2450	1960	8878200	1331730
8	总销售额	15019000	4468560	9787500	29275060	4391259
9						

图 5-64　"总店"效果

在"合并计算"对话框中，"首行"指所选区域的第一行，"最左列"指所选区域的第一列。若选中"首行"复选框，则会在合并后的区域内保留源区域第一行的数据；若选中"最左列"复选框，则会在合并后的区域内保留源区域第一列的数据。

任务 5.6 建 立 图 表

图表可以非常直观地反映工作表中数据之间的关系，可以方便地对比与分析数据。Excel 2010 提供了强大的图表处理功能，来完成数据表中数据的图形表示。

1. 图表的创建

图表的创建首先要注意数据源区域的选取，对于不连续的数据源区域按 Ctrl 键进行选取，最好是先选取图表数据区域，然后在"插入"选项卡中插入所需图表。

【例 5-12】打开 Excel5-12.xlsx 工作簿文件，完成下列操作后以原文件名保存。

（1）利用 Sheet1 中的数据清单创建簇状柱形图，系列产生在列，反映每个月份的各类电脑及配件的销售情况（A2:E8 单元格区域）。图表嵌入原工作表中。

（2）利用 Sheet2 中的数据清单在原工作表中创建三维堆积条形图，系列产生在列，图表标题为"偶数月销售业绩图"，数值（Z）轴标题为"元"，图例放在图表底部，以反映二、四、六月的各类电脑及配件的销售情况（A2:E2、A4:E4、A6:E6、A8:E8 单元格区域）。

（3）利用 Sheet3 中的数据清单创建分离型三维饼图，图表标题为"上半年各月份销售总额图"，数据标志显示百分比，以反映 6 个月的销售总额，比较哪个月的销售业绩最好（A2:A8、F2:F8 单元格区域）。图表放在新工作表中，工作表名为"销售总额业绩图"。

操作步骤如下。

（1）选择 Sheet1，创建图表的操作步骤如下。

步骤 1：选择 Sheet1 中的 A2:E8 单元格区域，单击"插入"选项卡"图表"组中的下拉列表中的"簇状柱形图"，如图 5-65 所示，即可在当前工作表中创建"簇状柱形图"图表，图表效果如图 5-66 所示。

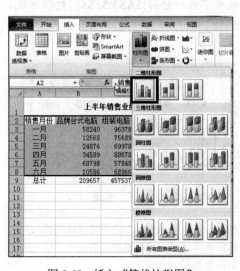

图 5-65 插入"簇状柱形图"

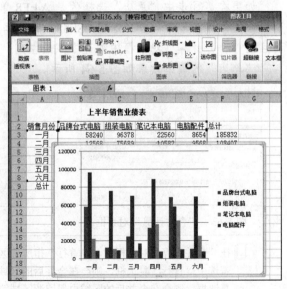

图 5-66 "簇状柱形图"图表效果

步骤 2： 选择图表，则会在"视图"选项卡后新增"图表工具"选项卡，该选项卡又包括"设计""布局""格式"选项卡，在这 3 个选项卡中进行图表的相关设置。

"设计"选项卡中可以更改图表类型、更改数据源区域、切换系列产生的行/列和更改图表存放的位置，还可以快速布局图表及设计所选类型的图表样式，如图 5-67 所示。

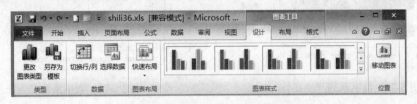

图 5-67　图表"设计"选项卡

"布局"选项卡中可以设置所选图表内容的格式（如图表区格式、数据系列格式、坐标轴格式、图例格式等）；在图表中插入图片、自选图形和文本框；设置图表标题、坐标轴标题、显示图例和数据标签；显示坐标轴和网格线；添加趋势线等，"布局"选项卡如图 5-68 所示。

图 5-68　图表"布局"选项卡

"格式"选项卡中可快速设置图表格式、形状样式、艺术字样式和图表区大小，如图 5-69 所示。

图 5-69　图表"格式"选项卡

（2）选择 Sheet2，图表的创建步骤如下。

步骤 1： 按住 Ctrl 键选定 A2:E2、A4:E4、A6:E6 和 A8:E8 单元格区域，单击"插入"选项卡"条形图"下拉列表中的"三维堆积条形图"，在当前工作表即插入了一个图表。

步骤 2： 选择图表，默认数据系列是产生在行，如图 5-70 所示。单击"图表工具"选项卡中"设计"选项卡中的"切换行/列"按钮，如图 5-71 所示。

步骤 3： 选择图表，单击"布局"选项卡中"图表标题"下拉列表中的"图表上方"按钮，在图表上方插入了默认标题"图表标题"，在标题处输入"偶数月销售业绩图"。

步骤 4： 选择图表，选择"布局"选项卡"坐标轴标题"下拉列表中的"主要纵坐标轴标题"下的"旋转过的标题"命令，在"坐标轴标题"位置输入"（元）"。

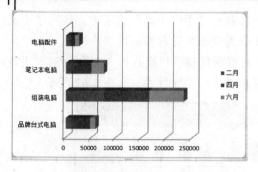

图 5-70　数据系列产生在行

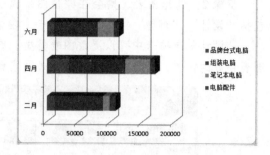

图 5-71　数据系列产生在列

步骤 5： 选择图表，单击"布局"选项卡"图例" 图例·下拉列表中的"在底部显示图例"按钮。

图表最终效果如图 5-72 所示。通过该图表可以直观地比较二、四、六月的每种商品的销售情况。

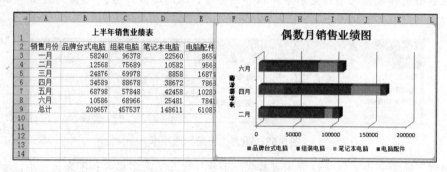

图 5-72　偶数月销售业绩图

（3）选择 Sheet3，图表的创建步骤如下。

步骤 1： 按住 Ctrl 键选定 A2:A8 和 F2:F8 单元格区域，单击"插入"选项卡"条形图" 饼图·下拉列表中的"分离型三维饼图" ，在当前工作表插入一个图表。

步骤 2： 选择图表，单击"布局"选项卡"图表标题" 图表标题下拉列表中的"图表上方"按钮，在图表上方插入了默认标题"总计"，在此标题处输入"上半年各月份销售总额图"。

步骤 3： 选择图表，单击"布局"选项卡"数据标签" 数据标签·下拉列表中的 其他数据标签选项(M)…，弹出"设置数据标签格式"对话框，在"标签选项"选项卡中选中"百分比"复选框和"数据标签外"单选按钮，如图 5-73 所示。

步骤 4： 选择图表，单击"设计"选项卡中的"移动图表"按钮 移动图表，在弹出的"移动图表"对话框中可以设置图表的位置，如图 5-74 所示。

右击图表中的百分比数字，在弹出的快捷菜单中选择"字体"命令，设置字号为 20。"上半年各月份销售总额图"效果如图 5-75 所示。

选择图表，如果单击"设计"选项卡中的"更改图表类型"按钮 更改图表类型，则弹出如图 5-76 所示的"更改图表类型"对话框。

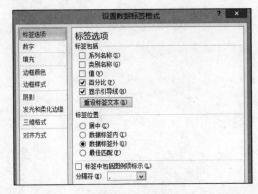

图 5-73　"设置数据标签格式"对话框

图 5-74　"移动图表"对话框

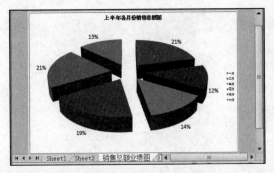

图 5-75　"上半年各月份销售总额图"效果

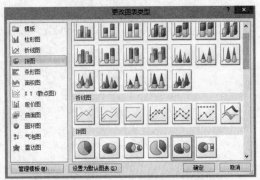

图 5-76　"更改图表类型"对话框

2. 图表的组成

由上面的例子可以看到不同的图表可以反映出不同类型的数据关系，也可以在部分数据之间进行比较。下面来看图表的组成，图表主要由图表标题、数值轴、分类轴、数据系列和图例等组成，如图 5-77 所示。

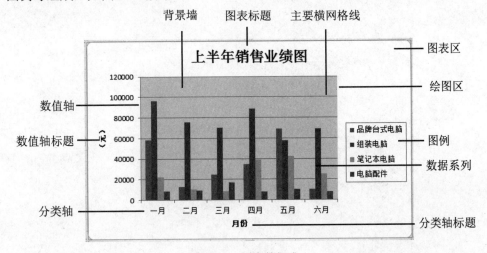

图 5-77　图表的组成

第 4 部分

PowerPoint 2010 应用

情境 6　演示文稿的管理和美化

情境 7　演示文稿的动态效果设置

演示文稿的管理和美化

以介绍宣传为主要目的的演示文稿，除了要有丰富的介绍内容、突出的介绍重点之外，还需要有图文并茂、风格突出的视觉效果，让人赏心悦目。

在 PowerPoint 中，为了方便用户对整个演示文稿的构图、色彩搭配等方面进行统一规划，形成统一的风格，让演示文稿更具个性和吸引力，提供了版式、母版、主题、背景等工具。

在本学习情境中，主要完成两个工作任务，对演示文稿的整体效果进行设置。

任务 6.1　管理幻灯片

任务 6.2　设置幻灯片的外观

任 务 描 述

为了让作品更具有个性和吸引力，可为整组幻灯片设置统一的外观，可以为整组幻灯片加入个性化的元素，如某张幻灯片应用什么模板、应用什么背景等。如图 6-1 所示，这一情境制作出来的演示文稿必须达到下列要求。

1. 设计有个性化的幻灯片背景

设计具有特色的幻灯片背景，让整组幻灯片具有鲜明的个性特点。

2. 围绕使用的主题设计合适的版式

结合设计好的背景和选用的主题，设计好一组版式供幻灯片应用。

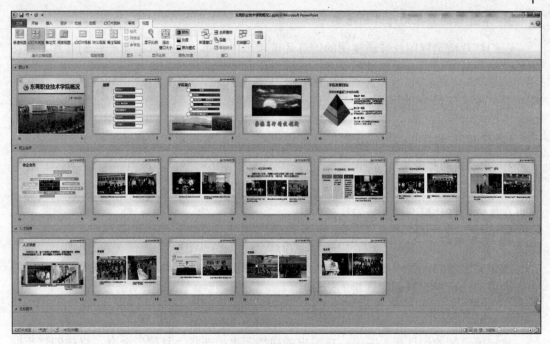

图 6-1　配置个性化外观后的效果

任务 6.1　管理幻灯片

对于幻灯片的管理，主要指对幻灯片的选择、插入、删除、移动等功能，是指以整张幻灯片为操作对象的功能。大部分幻灯片管理操作可以在幻灯片浏览视图中和切换到幻灯片选项卡的普通视图中进行。

6.1.1　幻灯片的选定

幻灯片的选定是对幻灯片进行设置和操作的前提，PowerPoint 中有下列选择方式。

1. 单张幻灯片的选定

在幻灯片浏览视图或普通视图的幻灯片选项卡中单击要选择的幻灯片，可以选定单张幻灯片。

2. 连续多张幻灯片的选定

连续多张幻灯片的选定有两种方式，第一种是在幻灯片浏览视图或普通视图的幻灯片选项卡中单击要选择的首张幻灯片，再按住 Shift 键，单击要选择的最后一张幻灯片；第二种是在幻灯片浏览视图从要选择的首张幻灯片稍左方空白区域开始，拖动至要选择的最后一张幻灯片处，释放鼠标。

3. 不连续的多张幻灯片的选定

在幻灯片浏览视图或普通视图的幻灯片选项卡中，单击要选择的第一张幻灯片，再按下 Ctrl 键，逐个单击要选择的幻灯片，直到把所有需要的幻灯片选好。

6.1.2　幻灯片的编辑

选定幻灯片后，可按照需求对幻灯片进行插入、删除、复制和移动等操作。

1. 插入新幻灯片

选定幻灯片后，选择"开始"|"幻灯片"|"新建幻灯片"命令或按 Ctrl+M 快捷键，可以在选定幻灯片后面插入新幻灯片。

2. 删除幻灯片

选定要删除的一张或多张幻灯片，右击后在弹出的快捷菜单中选择"删除幻灯片"命令或者按 Delete 键可以删除选定的幻灯片。

3. 复制幻灯片

选定要复制的幻灯片，右击，在弹出的快捷菜单中选择"复制"命令，将该幻灯片保存到剪贴板，再通过鼠标单击幻灯片或两张幻灯片间的空白位置定位复制在目标位置上，再右击，在弹出的快捷菜单中选择"粘贴"命令，即可从剪贴板中把幻灯片复制到目标位置。另一种方法是选定幻灯片后，按住 Ctrl 键后拖动幻灯片到目标位置。

4. 移动幻灯片

选定要移动的幻灯片，右击，在弹出的快捷菜单中选择"剪切"命令，将该幻灯片保存到剪贴板，再通过鼠标单击定位复制目标位置，再右击从弹出的快捷菜单中选择"粘贴"命令，可从剪贴板中把幻灯片复制到目标位置。另一种方法是选定幻灯片后，用鼠标拖动幻灯片到目标位置也可实现选定幻灯片的移动。

5. 隐藏幻灯片

假如某些幻灯片暂时不需要使用，可设置为隐藏幻灯片，隐藏幻灯片不会在放映时出现。隐藏幻灯片的操作是先选定要隐藏的幻灯片，右击，在弹出的快捷菜单中选择"隐藏幻灯片"命令即可实现，再重复一次操作为取消隐藏。

📖 重用幻灯片：在新建幻灯片时，列表底部有个重用幻灯片选项，可以将文件中的任一幻灯片插入正在编辑的演示文稿中。

6.1.3　幻灯片分节管理

在 PowerPoint 演示文稿中，当幻灯片数量较多时可以用节来管理幻灯片。使用节可以把一个演示文稿分为若干个小节，使得演示文稿的结构更加清晰，也使编辑和维护更加方便。

节是幻灯片的集合，新建演示文稿时，所有幻灯片都属于一个节，该节的名称叫"默认节"，可以根据需要创建多个节。节的主要操作有创建、删除、重命名等，还有添加幻灯片新节和调整节顺序等操作。

1．创建节

右击要作为新节开始的第一张幻灯片，在弹出的快捷菜单中选择"新增节"命令，将在幻灯片上方添加一个名为"无标题节"的新节。

2．操作节

创建节后，右击节的名称，在弹出的快捷菜单中可以进行大多数节的操作，包括重命名、删除、折叠和打开及移动节位置等操作，如图 6-2 所示。

3．节与幻灯片

节是管理幻灯片的容器，可以自由地把任意幻灯片添加到节内部，只需通过鼠标拖动幻灯片移动位置即可。

图 6-2　节的主要操作

任务 6.2　设置幻灯片的外观

为了使演示文稿的风格一致，可以设置幻灯片的外观，PowerPoint 中提供了背景、母版和主题等功能，可方便地对演示文稿的外观进行调整和设置。主题包括字体、颜色、背景等外观效果的组合，每一个主题中都包含了不同版式的母版，每一个母版都可以单独设置背景、字体、颜色和项目符号等属性，进而影响到对应版式的幻灯片。

6.2.1　设置幻灯片背景

一个好的幻灯片背景可以使得幻灯片看起来更加系统和专业。在 PowerPoint 中，可以使用图片作为幻灯片背景，也可以使用图案或者颜色填充作为背景，可以单独为一张幻灯片设置背景，也可以在母版中进行背景设置。

新建幻灯片的背景取决于所应用的主题，假如有个性化要求需要更改背景，在 PowerPoint 中可以使用图片、纹理、图案、填充颜色等多种方式作为幻灯片背景。

功能区中"设计"选项卡中设置了"背景"工具组，可通过背景样式下拉列表应用预置的背景，若需个性化设置背景可在下拉列表中选择"设置背景格式"命令，弹出"设置背景格式"对话框，如图 6-3 所示。

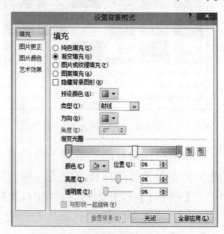

图 6-3　"设置背景格式"对话框

➥ "填充"单选按钮组：包括纯色填充、渐变填充、图片或纹理填充、图案填充 4 种背景类型，选择了不同的类型，下方会出现对应的选项设置。

➥ "隐藏背景图形"复选框：选中该复选框，可使该背景方案不包括母版中的图形对象。

➥ "关闭"按钮：将该背景应用于所选幻灯片。

➥ "全部应用"按钮：可将该背景应用于本演示文稿的所有幻灯片。

6.2.2 设置演示文稿主题

PowerPoint 中包含了很多主题，通过主题可以灵活地改变演示文稿的整体外观，主题的设置主要通过功能区中"设计"选项卡的"主题"工具组来实现。

主题列表中按照类别对主题进行了划分，决定了可在列表中直接选择的主题范围，如图 6-4 所示，包括下列选项。

➥ 此演示文稿：指在这个演示文稿中编辑修改过的主题效果。

➥ 内置：指 PowerPoint 包含的默认主题效果。

➥ 来自 Office.com：从 Office 网站上下载的主题效果。

➥ 所有主题：包括上述所有类别。

单击"设计/主题"工具组中的主题样式图标可让主题应用到演示文稿的所有幻灯片中，也可以右击主题样式图标，在弹出的快捷菜单中选择"应用于相应幻灯片"或"应用于选定幻灯片"等命令，如图 6-5 所示。

图 6-4　主题列表显示范围

图 6-5　主题应用快捷菜单

如果对预设主题的效果不够满意，还可以对内置主题进行修改，可在颜色、字体和效果 3 个方面进行选择和自定义，修改后的主题效果会出现在"此演示文稿"主题范围内。

【例 6-1】打开素材文件 PPTLX3.pptx，完成下列文件操作后按原文件名保存。

（1）设置第二张幻灯片的背景设置为纯色填充，颜色为 RGB（255,255,0），并选中"隐藏背景图形"复选框。

（2）设置第三张幻灯片的背景设置为渐变填充，预设颜色为"茵茵绿原"，方向为"线性对角-右下到左上"，并选中"隐藏背景图形"复选框。

（3）为第四张幻灯片应用主题"行云流水"。

（4）保存文件。

操作步骤如下。

步骤 1： 打开素材文档 PPTLX3.pptx，单击第二张幻灯片，选择"设计"|"背景"命令，在"背景样式"下拉列表中选择"设置背景格式"|"纯色填充"命令，在弹出的对话框中设置颜色为"其他颜色"并切换到"自定义"选项卡，设置颜色为 RGB（255,255,0），选中"隐藏背景图形"复选框，设置后关闭对话框。

步骤 2： 单击第三张幻灯片，选择"设计"|"背景"命令，在"背景样式"下拉列表中选择"设置背景格式"|"渐变填充"命令，在弹出的对话框中设置预设颜色为"茵茵绿原"，方向为"线性对角-右下到左上"，选中"隐藏背景图形"复选框，设置后关闭对话框。

步骤 3： 单击第四张幻灯片，右击"设计/主题"中的"行云流水"主题样式，在弹出的快捷菜单中选择"应用于选定幻灯片"命令。

6.2.3　设计母版与版式

母版与版式在 PowerPoint 演示文稿的制作与设计中具有举足轻重的作用。在演示文稿的制作中，每一张新创建的幻灯片，本身的格式来源于对应的母版，而后期母版的设计调整还可影响到继承其属性的幻灯片。通过母版和版式的设计，可以批量制作出格式统一的演示文稿。

在 PowerPoint 中，母版分为 3 类：幻灯片母版、讲义母版和备注母版，分别对应于幻灯片视图、讲义、备注页视图的效果。

1. 母版内容的编辑

对幻灯片母版的编辑通过选择"视图"|"母版视图"|"幻灯片母版"命令进入幻灯片母版编辑界面，如图 6-6 所示，这个界面左边栏目有多张幻灯片，每张幻灯片对应一个版式的母版，每张幻灯片都可单独编辑，单击选择要编辑的母版，在右侧的编辑区可进行编辑，编辑操作与幻灯片编辑一样。母版编辑完毕后，单击功能区中的"幻灯片母版"|"关闭"|"关闭母版视图"按钮返回普通视图。

上面较大的幻灯片是所有幻灯片的母版，里面的修改对除"标题母版"外所有幻灯片母版都有影响，下面的一组母版分别与版式一一对应。其中第二张母版对应标题幻灯片版式，第三张是对应节标题版式，"标题幻灯片母版"和"节标题母版"不受"幻灯片母版"格式影响。

母版幻灯片中包含了背景图形、标题和文本占位符、页眉和页脚占位符等内容，背景图形和背景颜色以及直接输入的具体内容（如文本框、图形对象等）均可直接传递给应用该母版的幻灯片，而占位符只传递字体格式、项目符号和占位符位置等信息。编辑母版时可通过设置背景、插入图片或者插入自选图形来设计统一的背景图案，可以通过"幻灯片

母版"|"母版版式"|"插入占位符"命令插入占位符来设计新的版式。

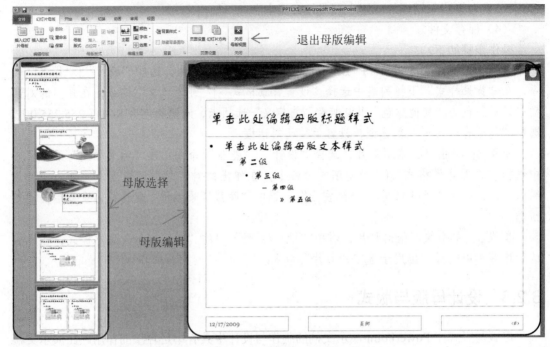

图 6-6　幻灯片母版视图

母版编辑完毕后，在普通视图或者幻灯片浏览视图插入新幻灯片时，会根据所选择的版式应用对应的母版。

> 📖 母版属性的修改会对基于该母版生成的幻灯片产生影响，假如该属性属于默认属性，将根据母版的修改而更改，若用户已自行设置了该属性，那么将不再受母版的影响。

2. 母版和版式的编辑操作

在默认情况下，PowerPoint 内置的主题都对应一个母版，其中包含 11 种不同版式。当新建演示文稿或新建幻灯片时，都是使用对应母版，当在演示文稿中应用了多个主题时，进入母版视图时会出现所有使用过的母版和版式。

演示文稿中对母版和版式有很多编辑操作，可创建新的母版和版式，也有对母版和版式的重命名、删除、复制和移动等操作。基本的操作方式是在母版选择区域右击，然后在弹出的快捷菜单中选择对应命令即可。

> 📖 在母版选择区域中，鼠标指针指向某一母版并稍作停留，马上会显示基于此母版生成的幻灯片编号。

6.2.4　保存模板

设计好一组母版后，假如可以在以后设计演示文稿时调用，需要把这一组母版保存起

来，一般来说保存为 PowerPoint 模板类型，扩展名为".pptx"。存储模板使用"文件"|"另存为"命令，在"保存类型"下拉列表中选择"PowerPoint 设计模板（*.pptx）"，输入模板名称即可，保存后该模板文件与 PowerPoint 内置的模板文件放置在一起统一管理。模板实质上是一个完整的演示文稿，不仅仅包括设计好的母版，还包括幻灯片内容，新建演示文稿时可选择"我的模板"子类别，可选择计算机中保存的自定义模板。

【**例 6-2**】打开素材文件 PPTLX2.pptx，完成下列文件操作后按原文件名保存。

（1）设置所有幻灯片的标题字体为楷体_GB2312，蓝色，加粗，阴影效果。

（2）设置所有幻灯片一级文本的项目符号为❤（Windings 字体），红色，大小为130%。操作步骤如下。

步骤 1：打开文件，选择"视图"|"母版视图"|"幻灯片母版"命令，进入母版编辑界面，选择顶上的幻灯片母版，选择标题占位符，通过"开始"|"字体"工具组设置字体为楷体_GB2312，蓝色，加粗，阴影效果。

步骤 2：选择文本占位符，单击将光标定位于一级文本，选择"开始"|"段落"|"项目符号和编号"命令，在弹出的"项目符号和编号"对话框中任选一种样式，单击"自定义"按钮，选择字符❤（Windings 字体）后确定返回，设置大小为130%，颜色为红色，单击"确定"按钮完成。

步骤 3：单击"幻灯片母版"|"关闭"|"关闭模板视图"按钮，退出母版编辑。

任务实施

——设计演示文稿母版

一般来说学校有校徽、校训，还有一些标志性建筑，可以用于设计个性化模板，在构图和修饰方面，可借助形状工具做相应修饰，设计的母版内容如图 6-7 所示。

图 6-7　演示文稿母版设计

步骤 1：进入模板视图，编辑幻灯片母版

（1）调整占位符位置和占位符字体属性。

原来使用的"气流"主题母版占位符位置为标题文本在下，内容文本在上，应重新调整。

　　根据个人喜好调整两个占位符的字体属性和段落属性，主要有字体、字号、项目符号等属性。

　　（2）更改背景颜色和图案。

　　根据个人喜好调节背景颜色和图案，"气流"主题的背景是由几个绘制的图形拼合而成，要调整颜色的话实质上是调整该图形的填充颜色。

　　（3）插入校徽和学院名称的图片。

　　在右上角插入标志性图片。

　　（4）绘制自选图形做修饰。

　　自选图形是模板编辑中最常用的工具，利用直线、曲线和多边形，辅以圆形、方形等基本形状，可以组合出各种不同风格的效果。

　　幻灯片母版应突出介绍内容，因此背景应该简洁一点，只是在上方标志性图片稍下方加入两条颜色不同的直线做衬托。

　　步骤 2：设计标题母版

　　同步骤 1，设计用于生成标题幻灯片的母版，如图 6-7 所示，主要包括占位符属性设置，插入校徽图片、校园图片以及中间的分隔直线等操作。

　　步骤 3：为演示文稿分节

　　将第 6～12 张幻灯片分为一节，命名为"校企合作"，将第 13～17 张幻灯片设置为一节，命名为"人才培养"。

情 7 境

演示文稿的动态效果设置

使用 PowerPoint 编辑的演示文稿和使用 Word 编辑的文档最大的不同在于最终的使用途径，PowerPoint 通过屏幕演示来实现，观赏性大大增强。利用计算机对多媒体的支持，可以实现更多的切换和动态效果，也可以在播放者的操控下实现播放的交互。在 PowerPoint 中主要依靠自定义动画、幻灯片切换、自定义放映、超链接等操作来实现动态效果。

在本学习情境中，要完成两个工作任务，对上一情境已经制作出来的幻灯片进行内容充实和风格统一、图文并茂的演示文稿设置恰当的动态效果，体现 PowerPoint 的魅力所在。

任务 7.1　设置幻灯片动画效果

任务 7.2　添加幻灯片交互功能

任 务 描 述

情境 6 已经创作了一个具有充实的内容、统一的风格、突出的主题、多样化的素材的演示文稿，但这一演示文稿还不能直接使用，因为还没添加丰富多彩的动态效果，在放映时感觉不够灵动。在这一情境中将为该演示文稿加入各种合适的动态效果，让演示文稿的播放更能吸引观众的注意力，也可通过超链接和自定义放映让演示文稿的播放流程更加灵活。总的来说，这一情境对于作品的要求，主要有以下方面。

（1）根据演示的需要设置合理的动画和声音效果。

（2）根据演示的需要调整幻灯片的次序并将内容设置必要的超链接，让播放更加灵活。

任务 7.1　设置幻灯片动画效果

动画设置是 PowerPoint 的一大特点，对于最终用于屏幕展示的演示文稿，要想让观众多关注介绍的对象，应该在幻灯片中加入引人入胜的动画。PowerPoint 中有很多种动画效果，通过合理、恰当地运用，为幻灯片增色不少。

PowerPoint 的动画有两大类：一类是专门针对幻灯片切换的，是指幻灯片出现或者切换到下一张幻灯片时的过场动画效果；另一类则是针对幻灯片中的对象的，例如幻灯片中的文字、图形、SmartArt 图形等都可以独立设置多个动画效果。

7.1.1　幻灯片切换

幻灯片的切换效果是指某张幻灯片进入或退出时的动画效果，可以理解为把整张幻灯片作为一个设置动画效果的对象，设置幻灯片切换效果的目的是为了使前后两张幻灯片之间的过渡更自然。

幻灯片切换效果的设置要先选定要设定的幻灯片，再通过"切换"选项卡进行设置，如图 7-1 所示，分成以下 3 个工具组。

图 7-1　"切换"选项卡

1.　"预览"工具组

只有一个"预览"命令，用于在编辑区预览切换效果。

2.　"切换到此幻灯片"工具组

可以通过列表选择切换效果，所有切换效果分为 3 种类型：细微型、华丽型和动态内容，其中部分效果可通过右侧的效果选项进行具体设置。

3.　"计时"工具组

可以设置声音效果、切换速度和切换方式，具体功能如下。

- 声音：可通过下拉列表选择内置声音效果，也可通过"其他声音"命令选择声音文件中的音效。
- 持续时间：可以根据实际需要更改幻灯片切换效果的持续时间，以秒为单位。
- 换片方式：默认情况下，两张幻灯片之间的切换方式是单击鼠标或者按空格键和 Enter 键，如果希望以指定的时间间隔自动切换，可设置自动换片时间，冒号前为分钟数，冒号后为秒数，如 00:2.1 表示 0 分钟 2.1 秒。

【例 7-1】打开素材文件 PPTLX3.pptx，设置所有幻灯片的切换效果为涡流，效果选项为自顶部；设置切换时播放声音为风铃；按原文件名保存。操作步骤如下。

步骤 1： 打开素材文件 PPTLX3.pptx，选择"切换"|"切换到此幻灯片"命令，在其下拉列表中选择"涡流"选项，在效果选项列表中选择"自顶部"；在"切换"|"计时"|"声音"下拉列表处选择"风铃"选项。

步骤 2： 单击"切换"|"计时"|"全部应用"按钮，将设定应用于所有幻灯片。

7.1.2　设置幻灯片中对象的动画

设置幻灯片中各种对象的动画效果是 PowerPoint 演示文稿制作的重点之一。对于一个优秀的演示文稿来说，为了在演示文稿放映时能达到更强的视觉冲击力，动画效果中对所有非标题对象使用千篇一律的动画效果并不令人满意，还应该根据每张幻灯片的特点为其中的文字或图片对象设置动画效果。

动画的设置必须在普通视图中进行，先选择要设置动画的对象，再通过功能区"动画"选项卡中的命令来进行设置，如图 7-2 所示。

图 7-2　"动画"选项卡

"动画"选项卡分为以下 4 个工具组。

- ➥　预览：在编辑区预览动画效果。
- ➥　动画：设置或更改所选对象的动画效果。
- ➥　高级动画：可对一个对象添加多个动画；调用动画窗格管理动画；设置触发器；复制动画效果。
- ➥　计时：设置动画出现的触发条件、动画顺序以及延时等参数设置。

1. 为幻灯片对象设置一个动画

要对幻灯片对象设置动画，需要先选择该对象，然后在"动画"|"动画"下拉列表中选择一种动画效果，如图 7-3 所示。

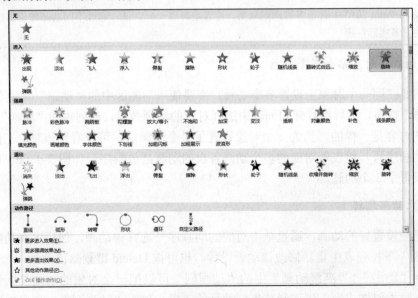

图 7-3　"动画效果"下拉列表

设置了动画效果后该对象左侧会显示一个数字，这个数字表示该动画在这张幻灯片中的动画序号，如图 7-4 所示，通过序号可以很容易地分辨出幻灯片对象的动画次序。

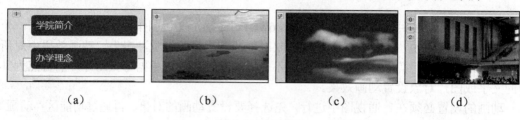

（a）   （b）   （c）   （d）

图 7-4　动画序号

部分效果选择后会激活工具组右侧的"效果选项"列表，可设置对应的效果选项。

> 📖 当幻灯片中有很多图形对象时，对象的选择会变得更困难，特别是部分对象重叠时，针对这种情况，可以先选择其中一个对象，再通过 Tab 键切换到下一对象，直到选择了合适的对象为止。

在 PowerPoint 中有 4 种动画效果，分别是进入、强调、退出和动作路径，每个幻灯片对象都可以根据需要任意选择这些动画效果。

- ➥ 进入动画效果：设置进入动画效果后，播放前该对象不显示，播放时以设定的方式出现，播放后不消失。
- ➥ 强调动画效果：设置强调动画效果后，播放前该对象显示在原来位置，播放时以设定的方式进行强调，播放后恢复原来的效果。
- ➥ 退出动画效果：设置退出动画效果后，播放前该对象显示在原来位置，播放时以设定的方式退出幻灯片，最后消失不见。
- ➥ 动作路径动画效果：动作路径动画效果与强调动画效果相似，只是用预设的或者自定义的路径移动来代替各种强调效果。

> 📖 PowerPoint 2010 中有很多种动画效果，读者最好要一一尝试，通过不同动画效果的组合可以解决很多实际问题。

2. 为幻灯片对象添加多个动画

如果需要在同一个对象上设置多个动画，需要使用功能区中的"动画"|"高级动画"|"添加动画"按钮，然后在打开的列表中选择对应的动画效果，该列表和"动画"|"动画"下拉列表的内容是一样的。当为一个对象设置了多个动画后，可以看到该对象左侧会有多个不同的动画序号，代表着对应的多个动画各自的动画播放顺序，如图 7-4（d）所示，表示该对象设置了 3 个动画。

3. 对象动画编辑

对于已经设置好的动画，通过单击对应的动画序号选择该动画，然后可在功能区"动画"|"动画"下拉列表中重新修改该动画设置，也可按 Delete 键删除该动画。

功能区"动画"|"高级动画"中的"动画刷"可以把一个对象的动画复制到另一个对象。操作时类似格式刷，先选择被复制动画的对象，单击"动画刷"，再单击要复制动

画的对象。　　　　　。

4. 设置对象动画属性

通过单击"动画"|"动画"工具组右下角的 按钮可打开"效果选项"对话框，可对动画伴随的效果和计时的属性进行设置。对于特殊对象，如文本框、SmartArt 对象、图表、音频、视频等，会出现对应的选项卡，如图 7-5 所示。

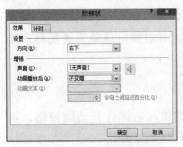

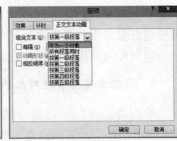

（a）"效果"选项卡　　　　（b）"计时"选项卡　　　（c）"正文文本动画"选项卡

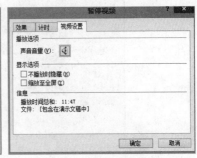

（d）"SmartArt 动画"选项卡　　（e）"音频设置"选项卡　　　（f）"视频设置"选项卡

图 7-5　"效果选项"对话框

1) "效果"选项卡
- 设置：与功能区"动画"|"动画"|"效果选项"功能一样，根据你选择的动画效果有不同的选项可以设置。
- 声音：设定播放动画时的声音效果，默认是"无声音"，可在下拉列表中选择默认的 Office 声音，也可以选择"停止前一声音"，也可以通过"其他声音"菜单项使用文件中的声音，只支持 WAV 格式的声音。
- 动画播放后：可设置播放动画后的效果，默认是"不变暗"，可在下拉列表中选择"其他颜色""播放动画后隐藏""下次单击后隐藏"等选项。

2) "计时"选项卡
- 开始：设置播放触发条件，默认为"单击时"，还可选择"与上一动画同时"和"上一动画之后"，当设置为后两种时该动画与上一动画使用同一动画序号。
- 延迟：可设置延迟时间，以秒为单位，通过延迟设置可实现幻灯片对象自动定时播放。
- 期间：可设置该动画持续时间长短。

▶ 重复：可设置动画重复次数，默认为"无"。　　　　　　　。

▶ 播完后快退：如选中此复选框，该对象播放后会快速消失。

▶ 触发器：设置激发动画的方式，可设置为单击某一对象才触发动画播放，增强动画播放的交互性，设置了触发器动画的对象的动画序号是一个 标志，如图 7-4（c）所示。

3）其他特殊选项卡

对于文本框、SmartArt 对象、图表来说，在选项卡中可以设置整个对象动画是一起出现还是分批出现，是一个经常使用的选项；声音方面的"幻灯片放映时隐藏声音图标"这一功能也经常启用，视频可以选择"全屏播放"。

5. 用动画窗格管理对象动画

单击"动画"|"高级动画"|"动画窗格"按钮，可在编辑区右侧打开动画窗格，如图 7-6 所示，动画窗格操作比较直观，能实现的主要功能还有以下方面。

图 7-6　动画窗格

1）调整动画次序

通过动画窗格下部重新排序箭头 重新排序 可调整已设置动画的播放顺序。

2）删除动画效果

在动画窗格中单击选择已设定的动画效果，再单击任务窗格上部的"删除"按钮，可删除该动画效果。

3）更改动画属性

在动画窗格中单击对象名称右侧下拉列表，可对该动画的部分属性进行设置。

> 📖 通过音视频对象的插入和动画效果伴随声音的设置，可以编辑出声色并茂的演示文稿。通过对所有幻灯片对象设置"开始"方式和"延迟"时间，可以取得自动播放幻灯片的效果。

【例 7-2】打开素材文件 PPTLX4.pptx，完成下列文件操作后按原文件名保存。

（1）设置第 2 张幻灯片中央图片的动画效果为：进入效果中的轮子，快速，重复 2 次，单击时开始；添加强调效果中的放大/缩小，效果选项为较大，与上一动画同时开始。

（2）设置文本框"圣诞快乐"的动画效果为：进入效果中华丽型的玩具风车，效果选项为作为一个对象出现，单击时开始。

（3）设置左上角礼盒图片的动画效果为：动作路径中的正方形效果，让该图片围绕幻灯片四周移动一圈，慢速，单击中央图片时，开始触发动画。

操作步骤如下。

步骤 1： 打开素材文件 PPTLX4.pptx，单击第 2 张幻灯片，单击图片，选择"动画"|"高级动画"|"添加动画"|"进入"|"轮子"命令，打开"效果选项"对话框，在"计时"选项卡设置期间为中速（2 秒），重复 2 次；选择"动画"|"高级动画"|"添加动画"|"强调"|"放大"|"缩小"命令，在效果选项下拉列表中选择较大，在"动画"|"计时"|"开始"下拉列表中选择"与上一动画同时开始"选项。

步骤 2： 单击文本框"圣诞快乐"，选择"动画"|"高级动画"|"添加动画"|"进入"|"更多进入效果"命令，选择"玩具风车"选项，在效果选项下拉列表中选择"作为一个对象"选项。

步骤 3： 单击左上角的礼盒图片，选择"动画"|"高级动画"|"添加动画"|"动作路径"|"其他动作路径"命令，选择"正方形"选项，确定后拖动出现的调节控点确定最终路径的轨迹，如图 7-7 所示，在"动画"|"高级动画"|"触发"下拉列表中选择"单击 Picture36"选项。

图 7-7　动作路径轨迹的编辑

📖 每一个幻灯片对象都有自己的编号，如插入的图片以 Picture*命名，如果要使用触发器，必须要知道对应对象的编号，可以打开动画窗格，当选择一个对象并设定了动画后，在动画窗格处可以看到这个对象对应的编号，如图 7-6 所示。

任务实施

——设计动画效果

动画效果的设置要根据幻灯片对象量身打造，恰如其分的效果才是最好的效果，这一部分的任务并没有正确与否的判定，每个设计者都可以根据自己的想法去设计，下面以其中一张幻灯片的动画设置为例，希望从中能展示动画效果设置的一些技巧，而其他的幻灯片可以自由设置动画效果。

如图 7-8 所示的幻灯片，主要介绍的是学院关于人才培养方面的内容，上方两个文本框介绍培养模式和培养目标，下方是 4 组关于人才培养介绍的照片材料。

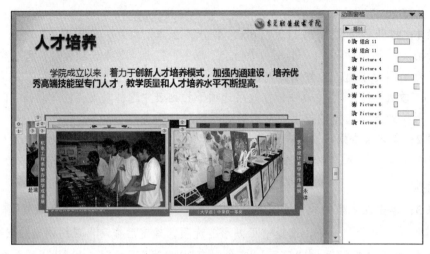

图 7-8　动画效果设置范例

由于下方有 4 组图片要展示，因此必须使用退出动画效果，当要展示下一组图片前，要先让上一组图片退出屏幕。操作步骤如下。

步骤 1：由于所有图片出现的动画效果可以保持一致，因此可以先选择全部图片对象，一起添加进入动画（动画效果可随意选择），同一批添加的对象除了第一个对象为单击时播放之外，其他的都是与上一动画同时播放。再为所有图片对象添加退出动画，此时所有图片对象都有两个动画，但动画次序是不对的。

步骤 2：调整动画播放次序，打开动画窗格，调整对象出现和退出的顺序，并且要设置好动画出现的触发条件，最好是单击一次能使前面的对象退出的同时让后面的对象出现，那么，后面的对象应该设置为"与上一动画同时"或者"上一动画之后"。最后，通过"播放"按钮观看放映检测播放顺序是否正确。

任务 7.2　添加幻灯片交互功能

设置了多姿多彩的动画效果，但播放时还是只能线性播放，为了让幻灯片的播放更灵活，PowerPoint 允许用户在设计演示文稿时通过设置超链接、动作设置和自定义放映等方式，增强演示文稿播放的交互性，让播放者能够根据观看者的具体情况选择不同的播放分支，不局限于顺序播放。

PowerPoint 中包含两类交互类型：超链接和动作。超链接和网页中的链接一样，以文字和图形对象为触发链接的载体，可以实现跳转到指定的 URL（WWW 的统一资源定位标志，就是指网络地址）或者演示文稿中的任意页面。动作是 PowerPoint 中特有的设计，类似于超链接，但是可以实现比超链接更多的功能，如指向对象时触发跳转、为跳转加入音效、跳转到运行某一特定程序等。

7.2.1　超链接设置

为了使幻灯片的播放更灵活，可以为文字或图形对象设定超链接跳转，只要单击相关的对象便可以直接进入相应幻灯片，这种人性化的设计使得制作的幻灯片显得更专业，同时还能让演示文稿具有一定的交互功能，使用更加灵活。

超链接的使用涉及几个方面：触发超链接的对象、链接目标对象、触发条件等。PowerPoint 的超链接只支持鼠标单击一种触发条件，要设置超链接，先选择触发超链接的对象，在功能区选择"插入"|"链接"|"超链接"命令，弹出"编辑超链接"对话框（见图 7-9），主要设置如下。

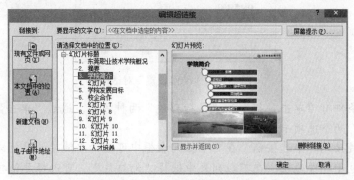

图 7-9　"编辑超链接"对话框

- ➥ 现有文件或网页：可以链接到计算机中的某一文件，也可以在地址栏中输入 URL 链接到 Internet 页面。
- ➥ 本文档中的位置：可以链接到本演示文稿中的指定幻灯片或者自定义放映。
- ➥ 新建文档：可以链接到马上新建的一个 PowerPoint 文档并转入该文档的编辑，常用于建立相关联的演示文稿组。
- ➥ 电子邮件地址：可以直接调用 Outlook 发送电子邮件到指定电子邮箱，要求在 Outlook 中已设置好邮箱。
- ➥ 屏幕提示：用于设置指向该链接时出现的提示文字。
- ➥ 删除链接：用于取消超链接。

设置好超链接后，重复"插入"|"链接"|"超链接"命令可以再次打开"编辑超链接"对话框进行链接属性的更改。

> 📖 选择文本框和选择文本框中的部分文本添加超链接效果是不一样的。区别在于触发对象不同，如果选择文本框，触发对象是整个文本框，包括没有文字的区域；如果选择具体文字，只有被选择的文字才能触发链接。

7.2.2　动作设置

动作设置功能与超链接相似，都是设置超链接，但界面有所不同。要使用动作设置功

能，先选择触发超链接的对象，选择功能区"插入"|"链接"|"动作"命令，弹出"动作设置"对话框（见图7-10），主要功能包括以下方面。

图7-10　"动作设置"对话框

- 触发条件有"单击鼠标"和"鼠标移过"两种方式，通过"单击鼠标"和"鼠标移过"两个选项卡分别进行设置。
- "超链接到"单选按钮：在其下拉列表框中可选择要链接的目标文档、Web页地址或电子邮件地址。在下拉列表中选择"幻灯片"，可选择要链接的具体位置。
- "运行程序"单选按钮：可选择运行具体的Windows程序（如Winword.exe为运行Word的主程序），通过选择文件的方式实现。
- "播放声音"复选框：可选择触发动作时播放的声音。

7.2.3　动作按钮

在功能区选择"插入"|"插图"|"形状"命令，打开的下拉列表底部有一个叫作"动作按钮"的分类，该类别中的工具用于绘制包含默认动作的图形形状，如图7-11所示。

图7-11　动作按钮

插入动作按钮的方式与其他形状的插入一样，但插入后会弹出"动作设置"对话框，大部分动作按钮有默认的链接属性，如图7-11中黄色底纹的"动作按钮：第一张"的默认属性是链接到第一张幻灯片。

【例7-3】打开素材文件PPTLX5.pptx，为第二张幻灯片中的文字"运行Word编辑概述"添加超链接，单击时可以运行Word程序；为除标题幻灯片之外的所有幻灯片在右下角添加链接到第一张幻灯片的动作按钮。操作步骤如下。

步骤1：打开素材文件PPTLX5.pptx，单击第二张幻灯片，选择文本"运行Word编辑概述"，选择"插入"|"链接"|"动作"命令，在"单击鼠标"选项卡中选中"运行程序"

单选按钮，单击"浏览"按钮，在"选择一个要运行的程序"对话框中选择"C:\Program Files\Microsoft Office\OFFICE14\WINWORD.EXE"（Word 2010 默认安装位置），如图 7-10 所示，单击"确定"按钮。

步骤 2：由于要求对除标题幻灯片外所有幻灯片都要添加动作按钮，因此适宜在母版视图中进行操作。通过选择"视图"|"母版视图"|"幻灯片母版"命令，进入母版视图，选择最上面稍大的幻灯片母版，通过选择"插入"|"插图"|"形状"命令，在打开的下拉列表中单击"动作按钮"类别中的"动作按钮：第一张"按钮，在幻灯片编辑区域的右下角拖动鼠标绘制图形，在弹出的"动作设置"对话框中单击"确定"按钮，关闭母版视图，保存文件。

任务实施

——为"东莞职业技术学院概述"增加链接

摘要幻灯片中的列表对应着后面各自介绍的部分，最好在这个页面中设置跳转到各部分的链接，也可以在演示完某一分支内容后通过返回链接回到摘要页面。具体步骤如下。

步骤 1：选择摘要幻灯片，为文本框中的文字添加链接。如"学院简介"链接到第 3 张幻灯片，"校训、宣传视频"链接到第 4 张幻灯片。

步骤 2：在需要的地方加入返回链接。

第 5 部分

图像处理与网页制作

情 8 境

Photoshop 图像处理

Photoshop 简称 PS，是 Adobe 公司开发的图像处理软件，使用其众多的编辑与绘图工具，可以有效地进行图片编辑工作，广泛应用于平面设计、图像修饰、网页制作、广告设计、出版印刷等领域。Photoshop 是最为有名的图像处理软件之一，是计算机美术设计中不可缺少的图像设计软件。

在本学习情境中，要完成两个工作任务，以达到了解和掌握图像处理的基础知识，掌握 Photoshop 工具的基本操作，能运用 Photoshop 进行数码照片后期处理。

任务 8.1   图像合成

任务 8.2   数码照片后期处理

任 务 描 述

在本情境中，要完成两个任务，包括图像合成和数码照片后期处理。首先，我们运用 Photoshop 对以下素材进行图像合成，完成水果拼盘，效果如图 8-1 所示。

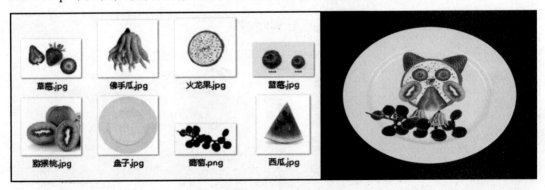

图 8-1   水果拼盘

任务 8.1　图 像 合 成

为了完成本次任务，先学习一些图像处理的基础知识，对图像的基本概念和色彩模式有了基本的了解；再对 Photoshop 软件界面、图层以及选区有最基本的认识后，就能轻松将图像重新进行整合。

8.1.1　位图和矢量图

计算机图形主要分为两类：一类是位图图像；另一类是矢量图形。Photoshop 是典型的位图软件，但也包含一些矢量功能。

1. 位图

位图亦称点阵图，是由称作像素（图片元素）的单个点组成的。像素是组成图像的最小单位，其形态是一个小方点，且每一个小方点只显示一种颜色，当许多不同颜色的像素组合在一起时，就形成了一幅色彩丰富的图像。在保存位图图像文件时，需要记录下每一个像素的位置和色彩数据，因此，图像像素越多（即分辨率越高），文件就越大，处理速度也就越慢。但由于它能够记录下每一个点的数据信息，因而可以精确地记录色调丰富的图像，可以逼真地表现自然界的图像，达到照片般的品质。

2. 矢量图

矢量图是用数学的矢量方式来记录图像中的内容，以线条和色块为主。矢量图的优点是可以无限放大或缩小，不会影响图像素质，文件体积较小，编辑灵活。缺点是表达的色彩层次不清，整体观感效果不如位图。

位图与矢量图最大的区别，矢量图形与分辨率无关，可以将它缩放到任意大小和以任意分辨率在输出设备上打印出来，都不会影响清晰度，而位图是由一个一个像素点产生，当放大图像时，像素点也放大了，但每个像素点表示的颜色是单一的，所以在位图放大后就会出现咱们平时所见到的马赛克状。

但是位图表现的色彩比较丰富，可以表现出色彩丰富的图像，可逼真表现自然界各类实物；而矢量图形色彩不丰富，无法表现逼真的实物，矢量图常常用来表示标识、图标、Logo 等简单直接的图像，如图 8-2 所示。

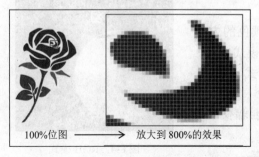
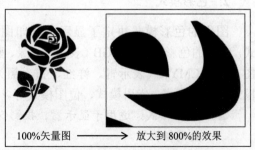

图 8-2　位图与矢量图的区别

8.1.2　分辨率

Photoshop 的图像是基于位图格式的，而位图图像的基本单位是像素，因此在创建位图图像时须为其指定分辨率大小。

分辨率是指图像中每单位长度上的像素数目。其单位为像素/英寸或是像素/厘米。在相同尺寸的两幅图像中，高分辨率的图像包含的像素比低分辨率的图像包含的像素多。

分辨率决定了位图图像细节的精细程度。通常情况下，图像的分辨率越高，所包含的像素就越多，图像就越清晰，印刷的质量也就越好，如图 8-3 所示。同时，它也会增加文件占用的存储空间。

图 8-3　分辨率高的图像和分辨率低的图像

8.1.3　色彩与色彩模式

1. 色彩

色彩是通过眼、脑和人们的生活经验所产生的一种对光的视觉效应。色彩是能引起人们共同的审美愉悦的、最为敏感的形式要素。色彩是最有表现力的要素之一，因为它的性质直接影响人们的感情。丰富多样的颜色可以分成无彩色系和有彩色系两个大类，有彩色系的颜色具有 3 个基本特性：色相、纯度（也称彩度、饱和度）、明度。在色彩学上也称为色彩的三大要素或色彩的三属性。

2. 色彩模式

图像的色彩模式决定了显示和打印图像颜色的方式，常用的色彩模式有 RGB（表示红、绿、蓝）模式（见图 8-4）、CMYK（表示青、洋红、黄、黑）模式、Lab模式，灰度模式、索引模式、位图模式等。

➥ RGB 模式：适用于显示器、投影仪、扫描仪、数码相机等。

➥ CMYK 模式：适用于打印机、印刷机等。

图 8-4　RGB 模式

8.1.4　常用的图像格式

Photoshop 是使用起来非常方便的图像处理软件，支持 20 多种文件格式的图像，使用不同的文件格式保存图像，对图像将来的应用起着非常重要的作用。可以根据工作环境的不同选用相应的图像文件格式，以便获得最理想的效果。

1. PSD 格式

PSD 格式是 Photoshop 软件的默认格式，也是唯一支持所有图像模式的文件格式。它可以保持图像中的图层、通道、辅助线和路径等信息。

2. JPEG 格式

JPEG 格式是目前网络上最流行的图像格式，是一种有损压缩格式，可以用最少的磁盘空间得到较好的图像品质，主要用于图像预览和制作 HTML 网页。

3. BMP 格式

BMP 是一种与硬件设备无关的图像文件格式，使用非常广。BMP 格式的特点是包含的图像信息比较丰富，几乎不对图像进行压缩，但其占用磁盘空间较大。

4. GIF 格式

GIF 格式是一种通用的图像格式，它不仅是一种无损压缩格式，而且支持动画。另外，GIF 格式产生的文件较小，常用于网络传输。

5. PNG 格式

PNG 格式结合 GIF 和 JPEG 格式的优点，不仅无损压缩，体积更小，而且还支持透明和 Alpha 通道。

8.1.5　文件的操作

1. 新建文件

执行"文件"|"新建"命令（或者按 Ctrl+N 快捷键）即可打开"新建文档"对话框，如图 8-5 所示，设置相应的参数即可。

2. 打开文件

执行"文件"|"打开"命令（或者按 Ctrl+O 快捷键），选择相对应的文件即可打开。

3. 保存文件

执行"文件"|"存储"命令（或者按 Ctrl+S 快捷键）即可保存图像文件。执行"文件"|"存储为"命令（或者按 Shift+Ctrl+S 组合键），再选择路径、文件名及文件格式后保存当

前文件，如图 8-6 所示。Photoshop 默认以 PSD 文件格式保存。

图 8-5　"新建文档"对话框

图 8-6　"另存为"对话框

4. 关闭文件

执行"文件"|"关闭"命令（或者按 Ctrl+W 快捷键）即可关闭当前图像文件。

5. 文件显示控制

在编辑图像的过程中，经常会使用"缩放工具"对图像进行放大（快捷键 Ctrl++）或缩小（快捷键 Ctrl+－）对文档窗口进行缩放，用"抓手工具"（按住空格键拖动鼠标）调整图像在窗口中的位置，以便更好地观察图像细节。

8.1.6　菜单栏

启动 Photoshop CC 后，即可进入软件操作界面。执行"文件"|"打开"命令，打开一张图片，如图 8-7 所示。

图 8-7　Phtoshop CC 操作界面

菜单栏在 Photoshop CC 软件窗口界面的上方，主要用于为大多数命令提供功能入口。菜单栏选项包括文件、编辑、图像、图层、文字、选择、滤镜、3D、视图、窗口、帮助命令选项。通过选择我们的菜单栏选项命令来达到我们的要求。

- "文件"菜单：包含各种操作文件的命令。
- "编辑"菜单：包含各种编辑文件的操作命令。
- "图像"菜单：包含各种改变图像的大小、颜色等的操作命令。
- "图层"菜单：包含各种调整图像中图层的操作命令。
- "文字"菜单：包含各种对文字的编辑和调整功能。
- "选择"菜单：包含各种关于选区的操作命令。
- "滤镜"菜单：包含各种添加滤镜效果的操作命令。
- "3D"菜单：用于实现 3D 图层效果。

➥ "视图"菜单：包含各种对视图进行设置的操作命令。

➥ "窗口"菜单：包含各种显示或隐藏控制面板的命令。

➥ "帮助"菜单：包含各种帮助信息。

8.1.7 工具箱

工具箱在 Photoshop CC 软件窗口界面的左侧，显示的是人们常用的一些工具。如移动工具、选框工具、套索工具、魔棒工具、裁剪工具、吸管工具、仿制图章工具、文字工具等等。详细工具菜单如图 8-8 所示。

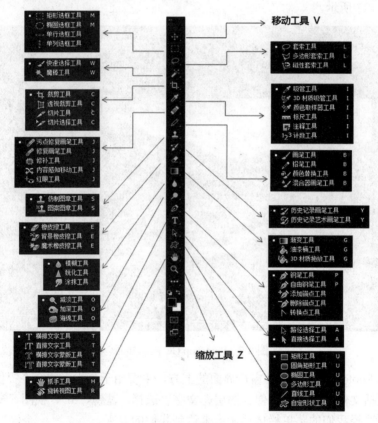

图 8-8　工具箱

8.1.8 选项栏

选项栏在菜单栏的下方，显示的是人们当前选择工具的属性。如我们当前选择的是"矩形选框工具"，在属性栏显示的就是选框工具的属性。如果选择其他工具，也会显示其他工具的属性，如图 8-9 所示。

图 8-9　选项栏

8.1.9　控制面板

控制面板在 Photoshop CC 软件窗口界面的右侧，显示的就是我们一些常用到的工具浮动窗口，我们也可以在菜单的"窗口"选项卡里选择打开和关闭那些浮动窗口。

8.1.10　编辑区

编辑区在 Photoshop CC 软件窗口界面的中央，其作用就是用来编辑图像的，编辑区显示的是我们当前打开的图像。

8.1.11　标尺、网格、参考线

标尺、网格和参考线都是用于辅助图像处理操作的，如对齐操作、对称操作等，使用它们将大大提高工作效率。

1．标尺

标尺显示了当前正在应用中的测量系统，可以帮助我们确定窗口中对象的大小和位置。执行"视图"|"显示"|"标尺"命令（快捷键 Ctrl+'），可以显示或隐藏标尺。

2．网格

网格由一连串的水平和垂直点所组成，用来协助绘制图像和对齐窗口中的对象。执行"视图"|"网格"命令（快捷键 Ctrl+R），可以显示或隐藏非打印的网格。

3．参考线

参考线是浮在整个图像上，但是不能被打印的直线，主要用来协助对齐和定位对象，可以移动、删除或锁定参考线。

创建参考线有两种方法：方法一是执行"视图"|"新建参考线"命令，可以新建参考线，如图 8-10 所示。方法二是直接在标尺上按住鼠标左键并向文件中拖动即可创建参考线。

图 8-10　创建参考线

删除参考线：使用"移动工具"拖动要删除的参考线到文件窗口外即可。锁定参考线：执行"视图"|"锁定参考线"命令（快捷键 Ctrl+Alt+;），即可锁定或解锁参考线。

8.1.12 图层的概念

通俗地讲，图层就像是含有文字或图形等元素的透明玻璃，一张张按顺序叠放在一起，组合起来形成页面的最终效果。图层可以将页面上的元素精确定位。在使用 Photoshop 制作图像时，通常是将不同部分分层存放，并由所有的图层组合成新的图像。如图 8-11 所示，即为多个图层组合而成的新图像。

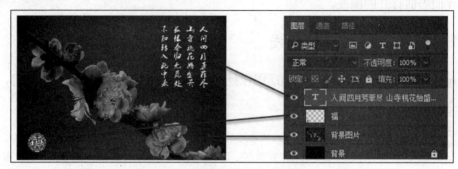

图 8-11　多个图层组成的图像

"图层"面板就是用来控制这些"透明玻璃"的工具，它不仅可以帮助我们建立/删除图层以及调换各个图层的叠放顺序，还可以将各个图层混合处理，产生出许多意想不到的效果。

8.1.13 图层的基本操作

要对图层进行操作，首先需要找到"图层"面板，如果"图层"面板已经被隐藏起来，可以执行"窗口"|"图层"（快捷键 F7）命令打开它。在这里，我们可以对图层进行创建、复制、删除、显示/隐藏、变形、合并等操作。

1. 新建图层

单击"图层"面板中的"创建新图层"按钮，新建一个空白图层，这个新建的图层会自动依照建立的次序命名，第一次新建的图层为"图层 1"，如图 8-12 所示。

2. 复制图层

复制图层是较为常用的操作。

图 8-12　新建图层

方法一：先选中图层，再用鼠标将图层的缩览图拖动至"创建新图层"按钮上，释放鼠标，图层就被复制出来了。

方法二：先选中图层，再按 Ctrl+J 快捷键也可以复制图层。

3. 删除图层

对于没有用的图层，可以将它删除。

方法一：先选中要删除的图层，然后单击"图层"面板上的"删除图层"按钮，再单击"是"，这样选中的图层就被删除了。

方法二：可以在"图层"面板上直接用鼠标将图层的缩览图拖放到"删除图层"按钮上来删除。

方法三：先选中要删除的图层，然后直接按 Delete 键删除图层。

4. 图层的显示和隐藏

在制作图像时，为了便于图像的编辑，经常需要显示/隐藏一些图像。单击图层缩览图前的"指示图层可见性"图标，即可显示或隐藏相应的图层，如图 8-13 所示。

（a）

（b）

图 8-13　显示和隐藏图层

5. 图层的变形

在处理图像时，为了得到合适的画面效果，我们可以对图像中的各个图层进行缩放、旋转、倾斜、扭曲和透视等变形操作，图层的变形功能可以用"自由变换"（快捷键 Ctrl+T）

命令来实现。

选中需要变换的图层对象，执行"编辑"|"自由变换"命令（快捷键 Ctrl+T），图层对象的四周会出现带有角点的框（一般称之为"定界框"），如图 8-14 所示。

定界框 4 个角上的点被称为"定界框角点"，4 条边中间的点被称为"定界框边点"。

图 8-14　定界框

用户可以根据需要，拖动定界框的边点或角点，进而调整图层对象的大小，具体操作如下。

（1）自由缩放：将鼠标移动至"定界框边点"或"定界框角点"处，待光标变为双向箭头，按住鼠标左键不放，拖动鼠标即可调整图层对象的大小。

（2）等比例缩放：按住 Shift 键不放，拖动"控制框角点"，即可等比例缩放图层对象。

（3）中心点等比例缩放：按住 Shift+Alt 快捷键不放，拖动"定界框角点"，即可以中心点等比例缩放图层对象。

（4）旋转：将鼠标移动至"定界框角点"处，待光标变为双向旋转箭头，按住鼠标左键不放，可拖动光标，对图层对象进行旋转。

6. 图层的叠放次序

Photoshop 中的图像一般由多个图层组成，而多个图层之间是一层层往上叠放的，因而上方的图层会遮盖住其下方图层的内容。

在编辑图像时，我们可以调整图层之间的叠放次序来实现设想的效果。在"图层"面板中，选择要调整次序的图层并拖放至适当的位置，这样就可以调整图层的叠放次序。

7. 图层的合并

选中"图层"面板中的图层，右击，即可打开图层菜单，如图 8-15 所示。

图 8-15　图层菜单

➥　向下合并：可以将当前作用层与其下一层图像合并，其他图层保持不变。使用此命令合并图层时，需要将作用层的下一层图像设为显示状态，如图 8-16 所示。

图 8-16　向下合并

➥ 合并可见图层：可将图像中所有显示的图层合并，而隐藏的图层则保持不变，如图 8-17 所示。

图 8-17　合并可见图层

➥ 拼合图层：可将图像中所有图层合并，并将隐藏的图层丢弃，如图 8-18 所示。

图 8-18　拼合图层

8.1.14 智能对象

智能对象是一个嵌入当前文档中的文件，它可以包含图像，也可以包含矢量图形。智能对象与普通图层的区别在于，它能够保留对象的源内容和所有的原始特征，在 Photoshop 中对其进行放大、缩小及旋转时，图像不会失真。

在"图层"面板中选择一个或多个普通图层，右击，在弹出的快捷菜单中执行"转换为智能对象"命令，可以将一个或多个普通图层，打包到一个智能对象中。

智能对象图层虽然有很多优势，但是在某些情况下却无法直接对其编辑，例如使用选区工具删除智能对象时，将会报错。这时就需要将智能对象转换为普通图层。选择智能对象所在的图层，执行"栅格化图层"命令，可以将智能对象图层转换为普通图层，原图层缩略图上的智能对象图标会消失。

8.1.15 前景色和背景色

在 Photoshop CC 工具箱的底部有一组设置前景色和背景色的图标，该图标组可用于设置前景色和背景色，进而进行填充等相关操作。

通过图 8-19 容易看出，该图标组由 4 个部分组成，分别为"设置前景色""设置背景色""切换前景色和背景色""默认前景色和背景色"，对它们的具体介绍如下。

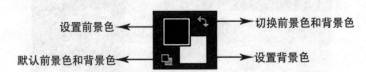

图 8-19　前景色和背景色

（1）设置前景色：该色块所显示的颜色是当前所使用的前景色。单击该色块，将弹出如图 8-20 所示的"拾色器（前景色）"对话框。在"色域"中拖动鼠标可以改变当前拾取的颜色，拖动"颜色滑块"可以调整颜色范围。按 Alt+Delete 快捷键可直接填充前景色。

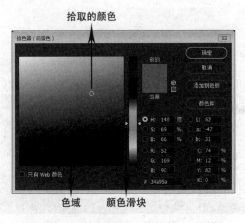

图 8-20　"拾色器"（前景色）对话框

（2）设置背景色：该色块所显示的颜色是当前所使用的背景色。单击该色块，将弹出"拾色器（背景色）"对话框，可进行背景色设置。按下 Ctrl+Delete 快捷键可直接填充背景色。

（3）切换前景色和背景色：单击该按钮（或按 X 键），可将前景色和背景色互换。

（4）默认前景色和背景色：单击该按钮（或按 D 键），可恢复默认的前景色和背景色，即前景色为黑色，背景色为白色。

8.1.16　选框工具组

"矩形/椭圆选框工具"作为最常用的选区工具，常用来绘制一些形状规则的矩形/椭圆选区。选择工具箱中的"矩形/椭圆选框工具"（快捷键 M），按住鼠标左键在画中拖动，即可创建一个矩形/椭圆选区。

使用"矩形/椭圆选框工具"创建选区时，有一些实用的小技巧，具体如下。

按住 Shift 键的同时拖动，可创建一个正方形/正圆选区，如图 8-21 所示。

按住 Alt 键的同时拖动，可创建一个以单击点为中心的矩形/椭圆选区，如图 8-22 所示。

图 8-21　矩形选框工具　　　　　　　图 8-22　椭圆选框工具

按住 Shift+Alt 快捷键的同时拖动，可以创建一个以单击点为中心的正方形/正圆选区。

建立选区后，按住 Alt/Ctrl+Delete 快捷键可直接填充前景色/背景色。

执行菜单栏中的"选择"|"取消选择"命令（快捷键 Ctrl+D）可取消当前选区（适用于所有选区工具创建的选区）。

8.1.17　套索工具组

"套索工具组"主要用来创建一些不规则选区，包含 3 种套索工具，分别是套索工具、多边形套索工具和磁性套索工具。

使用"套索工具"用于创建不规则的选区。在工具箱中选择"套索工具"（快捷键 L）后，在图像中按住鼠标左键不放并拖动，释放鼠标后，选区即创建完成。

使用"套索工具"创建选区时，若光标没有回到起始位置，松开鼠标后，终点和起点之间会自动生成一条直线来闭合选区。未松开鼠标之前按下 Esc 键，可以取消选定。

"多边形套索工具"用于做有一定规则的选区。选择"多边形套索工具"后，在画中单击鼠标左键，可确定起始点，接着，拖动光标至目标方向处依次单击，可创建新的节点，形成多边形。然后，拖动光标至起始点位置，当终点与起点重合时，再次单击鼠标左键，即可创建一个闭合选区（见图 8-23）。

图 8-23　多边形套索工具

"磁性套索工具"可以对边缘比较清晰，且与背景颜色相差比较大的图片创建选区。使用"磁性套索工具"可以自动识别清洗物体的边缘，其选项栏如图 8-24 所示。

图 8-24　"磁性套索工具"选项栏

（1）选区加减的设置：做选区时，使用"新选区"命令较多。

（2）羽化：取值范围为 0～250，可羽化选区的边缘，数值越大，羽化的边缘越大。

（3）消除锯齿：让选区更平滑。

（4）宽度：取值范围为 1～256，可设置一个像素的宽度，一般使用的默认值为 10。

（5）对比度：取值范围为 1～100，它可以设置"磁性套索工具"检测边缘图像灵敏度。如果选取的图像与周围图像间的颜色对比度较强，那么，就应设置一个较高的百分数值。反之，输入一个较低的百分数值。

（6）频率：取值范围为 0～100，它是用来设置在选取时关键点创建的速率的一个选项。数值越大，速率越快，关键点就越多。

在使用"磁性套索工具"时，可以通过退格键或 Delete 键来控制关键点，如图 8-25 所示。

图 8-25　使用"磁性套索工具"

8.1.18　快速选择工具组

"快速选择工具"和"魔棒工具"是基于色调和颜色差异来构建选区的工具，它可以快速选择色彩变化不大，且色调相近的区域。

"快速选择工具"（快捷键 W）可以像绘图一样涂抹出选区。在绘制的过程中，可按[键缩小笔尖，按]键放大笔尖。

选择"魔棒工具"（快捷键 W），在图像中单击，则与单击点颜色相近的区域都会被选中。如图 8-26 所示，调整容差为 50，单击图中白色区域任意处，就可将图中白色区域全部选中。

图 8-26　使用"魔棒工具"

在"魔棒工具"的选项栏中，通过"容差"和"连续"选项可以控制选区的精确度和范围。

> 容差：是指容许差别的程度。在选择相似的颜色区域时，容差值的大小决定了选择范围的大小，容差值越大则选择的范围越大。容差值默认为 32，我们可根据选择的图像不同而增大或减小容差值。

> 连续：选中该复选框时，只选择颜色连接的区域。取消选中该复选框时，可以选择与鼠标单击点颜色相近的所有区域，包括没有连接的区域。

8.1.19　全选与反选

执行"选择"|"全部"命令（快捷键 Ctrl+A），可以选择当前文档边界内的全部图像。如果需要复制整个图像，可以执行该命令，再按下 Ctrl+C 快捷键。如果文档中包含多个图层，则可按下 Shift+Ctrl+C 组合键（合并复制）。

创建选区之后，执行"选择"|"反向"命令（快捷键 Shift+Ctrl+I），可以反转选区。如果需要选择的对象的背景色比较简单，则可以先用"魔棒工具"等工具选择背景，再按 Shift+Ctrl+I 组合键反转选区，将对象选中，如图 8-27 所示。

图 8-27　反选

8.1.20　选区修改

在 Photoshop CC 中，可以使用菜单栏中的"选择"|"修改"命令，对选区进行各种修改，主要包括"边界""平滑""扩展""收缩""羽化"选项（见图 8-28）。

1．创建边界选区

在图像中创建选区，执行"选择"|"修改"|"边界"命令，可以将选区的边界向内部和外部扩展。在"边界选区"对话框中，"宽度"用于设置选区扩展的像素值，例如，将"宽度"设置为 30 像素时，原选区会分别向外和向内扩展 15 像素，如图 8-29 所示。

2．平滑选区

创建选区后，执行"选择"|"修改"|"平滑"命令，打开"平滑选区"对话框，在"取样半径"选项中设置数值，可以让选区变得更加平滑，效果如图 8-30 所示。

图 8-28　建立选区

图 8-29　创建边界选区

图 8-30　创建平滑选区

使用"魔棒工具"或"色彩范围"命令选择对象时，选区边缘往往较为生硬，可以使用"平滑"，如图 8-30 所示。

3．扩展与收缩选区

创建选区后，执行"选择"|"修改"|"扩展"命令，打开"扩展选区"对话框，输入

"扩展量"可以扩展选区范围。命令对选区边缘进行平滑处理。执行"选择"|"修改"|"收缩"命令，则可以收缩选区范围。

4．羽化选区

"羽化"命令（快捷键 Shift+F6）用于对选区进行羽化。羽化是通过建立选区和选区周围像素之间的转换边界来模糊边缘的，这种模糊方式会丢失选区边缘的一些图像细节。

创建选区后，执行"选择"|"修改"|"羽化"命令，打开"羽化选区"对话框，设置"羽化半径"值为 20 像素，然后按下 Ctrl+J 快捷键选取图像，隐藏背景层，查看选取的图像，效果如图 8-31 所示。

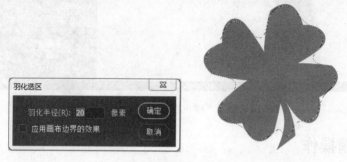

图 8-31　创建羽化选区

8.1.21　橡皮擦工具

"橡皮擦工具"（快捷键 E）用于擦除图像中的像素。

如果处理的是背景图层或锁定了透明区域（按下"图层"面板左上角"锁定"中的"锁定透明像素"按钮）的图层，涂抹区域会显示为背景色。如图 8-32 所示，用"橡皮擦工具"涂抹背景层中鸟的嘴部后显示的是背景色——黑色。

图 8-32　使用"橡皮擦工具"涂抹背景层

如果处理的是其他图层，则可擦除涂抹区域的像素。如图 8-33 所示，用"橡皮擦工具"涂抹普通图层中鸟的嘴部后显示的是透明色。

图 8-33　使用"橡皮擦工具"涂抹其他图层

8.1.22　撤销操作

在绘制和编辑图像的过程中，经常会出现失误或对创作的效果不满意。当希望恢复到前一步或原来的图像效果时，可以使用一系列的撤销操作命令。

1．撤销上一步操作

执行"编辑"|"还原"命令（快捷键 Ctrl+Z），可以撤销对图像所做的最后一次修改，将其还原到上一步编辑状态。

2．撤销或还原多步操作

如果想要连续还原，可连续执行"编辑"|"后退一步"命令（快捷键 Ctrl+Alt+Z），逐步撤销操作。

如果想要恢复被撤销的操作，可连续执行"编辑"|"前进一步"命令（快捷键 Shift+Alt+Z）。

任务实施

——制作"水果拼盘"

步骤 1： 执行"文件"|"新建"命令（或按 Ctrl+N 快捷键）新建一个文件，标题为"水果拼盘"，长、宽均为 30 厘米，分辨率为 72 像素/英寸，"颜色模式"为"RGB 颜色"，背景色为黑色，如图 8-34 所示。

步骤 2： 执行"文件"|"打开"命令（或按 Ctrl+O 快捷键）打开素材"盘子.jpg"，

选择"椭圆选框工具"将盘子选中，按 Ctrl+J 快捷键复制得到"图层 1"并重命名为"盘子"，选择"选择工具"将其拖动至"水果拼盘.psd"并摆放好位置，如图 8-35 所示。

步骤 3：执行"文件"|"打开"命令打开素材"火龙果.jpg"，选择"魔棒选择工具"单击图像中白色区域，执行"选择"|"反选"（或按 Shift+Ctrl+I 组合键）命令，选中火龙果，按 Ctrl+J 快捷键复制得到"图层 1"并重命名为"火龙果"，选择"选择工具"将其拖动至"水果拼盘.psd"并摆放好位置，如图 8-36 所示。

图 8-34　新建文件　　　　图 8-35　抠取盘子　　　　图 8-36　抠取火龙果

步骤 4：执行"文件"|"打开"命令打开素材"草莓.jpg"，选择"魔棒选择工具"，单击图像中白色区域，执行"选择"|"反选"（或按 Shift+Ctrl+I 组合键）命令，选中草莓，按 Ctrl+J 快捷键 3 次复制得到 3 个图层分别重命名为"草莓""草莓 1""草莓 2"。选中"草莓"图层，按住 Ctrl 键鼠标单击图层缩览图，选中图像中的"草莓"图层，选择"橡皮擦工具"，将旁边两颗切开的草莓擦掉，同样的方法，分别将图层"草莓 1"中右边两颗草莓擦掉，图层"草莓 2"中左边两颗草莓擦掉。选择"选择工具"将"草莓""草莓 1""草莓 2" 3 个图层都拖动至"水果拼盘.psd"。

步骤 5：选中"草莓"图层，调整图层的次序，按 Ctrl+T 快捷键对它们进行缩放、旋转，并移动到合适的位置。按 Ctrl+J 快捷键复制得到"草莓 拷贝"，按 Ctrl+T 快捷键进行自由变换，在变换区域单击鼠标右键，在弹出的快捷菜单中选择"水平旋转"命令，确定后平移到合适的位置。选中"草莓 1"图层，移动到合适的位置，按 Ctrl+J 快捷键复制得到"草莓 1 拷贝"，移动到合适的位置。选中"草莓 2"图层，按 Ctrl+T 快捷键进行自由变换，移动到合适的位置，选择"橡皮擦工具"擦除多余的部分，效果如图 8-37 所示。

步骤 6：执行"文件"|"打开"命令打开素材"蓝莓.jpg"，选择"快速选择工具"，调整笔头大小为 50，选中其中一颗蓝莓后按 Ctrl+J 快捷键复制得到"图层 1"，重命名为"蓝莓"，选择"选择工具"将其拖动至"水果拼盘.psd"，按 Ctrl+T 快捷键将其进行自由变换，调整到合适的大小并移动到眼睛的位置。再按 Ctrl+J 快捷键复制得到"蓝莓 拷贝"，

移动到另一个眼睛的位置，如图 8-38 所示。

图 8-37　添加草莓图层　　　　　　　　　图 8-38　添加蓝莓图层

　　步骤 7：执行"文件"|"打开"命令打开素材"猕猴桃.jpg"，选择"磁性套索工具"选中最前面切开的猕猴桃后，按 Ctrl+J 快捷键复制得到"图层 1"，重命名为"猕猴桃"，选择"选择工具"将其拖至"水果拼盘.psd"，按 Ctrl+T 快捷键将其进行自由变换，调整到合适的大小并移动到翅膀的位置。按 Ctrl+J 快捷键复制得到"猕猴桃 拷贝"，移动到另一个翅膀的位置，如图 8-39 所示。

　　步骤 8：执行"文件"|"打开"命令打开素材"西瓜.jpg"，选择"多边形套索工具"选中西瓜的尖端的三角形区域后按 Ctrl+J 快捷键复制得到"图层 1"，重命名为"西瓜"，选择"选择工具"将其拖动至"水果拼盘.psd"，按 Ctrl+T 快捷键将其进行自由变换，调整到合适的大小并移动到合适的位置，如图 8-40 所示。

图 8-39　添加猕猴桃图层　　　　　　　　　图 8-40　添加西瓜图层

　　步骤 9：执行"文件"|"打开"命令打开素材"葡萄.png"，选择"选择工具"将葡萄拖动至"水果拼盘.psd"并放到合适的位置，如图 8-41 所示。

　　步骤 10：执行"文件"|"打开"命令打开素材"佛手瓜.jpg"，选择"魔棒选择工具"单击图像中白色区域，执行"选择"|"反选"（或按 Shift+Ctrl+I 组合键）命令，选中佛手瓜后按 Ctrl+J 快捷键复制得到"图层 1"，重命名为"佛手瓜"，选择"选择工具"将

其拖动至"水果拼盘.psd"，调整图层的次序，按 Ctrl+T 快捷键将其进行自由变换，调整到合适的大小并移动到合适的位置。再按 Ctrl+J 快捷键复制得到"佛手瓜 拷贝"，移动到另一只脚的位置，并调整图层的次序，得到最终效果如图 8-42 所示。

图 8-41　添加葡萄图层

图 8-42　最终效果

任务 8.2　数码照片后期处理

生活中，人们总是通过各种方法来留住一些美好的瞬间，如拍生活照、写真照、婚纱照或者合影留念照等。但是，由于每个人自身形体的不同或后天造成的某些形体上的缺憾都是难以让画面效果完美的因素，但是我们又无法改变人物的形体现状，在这种情况下，计算机图像处理软件给我们带来惊喜，也满足了一部分人追求自身完美的人的需要。现实生活中，我们很难改变这些，但是利用计算机技术可以改变一切。

为了完成本任务，我们首先要知道如何去修改图像的大小及角度；然后要掌握色彩的调整；最后需要对图像的瑕疵进行处理。色彩在图像的修饰中起着非常重要的作用，通过"色彩调节"可以营造不同的氛围和意境，使图像更具表现力，如图 8-43 所示。

图 8-43　数码照片后期处理

8.2.1 裁剪工具

使用"裁剪工具"能够整齐地裁切掉选择区域以外的图像、调整图像的透视角度和指定对象的裁切尺寸进行裁切。

1. 裁切多余

打开需要裁剪的素材"蛋糕.jpg"，选择"裁剪工具"后，画面四周出现一个剪裁框，将光标移至剪裁框任意一角，当光标显示为斜向的双箭头时，拖动鼠标即可调整剪裁框的大小；将光标移动至剪裁框边线的中点，当光标显示为水平或垂直的双向箭头时，拖动鼠标可调整剪裁框的宽度或高度；将光标移动至剪裁框角点的外侧，当光标显示为圆弧状的双向箭头时，拖动鼠标可以旋转剪裁框。调整好剪裁框后，单击"确定"按钮即可完成剪裁，如图 8-44～图 8-46 所示。

图 8-44　素材"蛋糕"　　　　图 8-45　剪裁多余的部分　　　　图 8-46　剪裁后的效果

2. 调整角度

Photoshop 的"透视裁剪工具"，可以对具有透视的图像进行剪裁，同时，把画面拉直并纠正成正确的视角。打开素材"纸张.jpg"，选择"透视裁剪工具"后，拖动鼠标即可画出带 8 个控点的四边形网格剪裁框，用鼠标选中需要进行调整的点至合适的位置。调整好剪裁框后，单击"确定"按钮即可完成剪裁，如图 8-47～图 8-49 所示。

图 8-47　素材"纸张"　　　　　　　　图 8-48　带控点的网格剪裁框

3. 调整大小

在"裁剪工具"的属性栏中，可以根据我们的需要指定比例大小，另外，也可以自定义剪裁图像的长宽比例和图像的分辨率，如图 8-50 所示。

图 8-49　调整后的效果

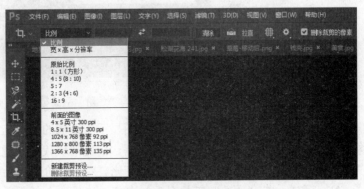

图 8-50　剪裁比例设置

8.2.2　修改图像大小

在 Photoshop 中打开一个现有的图像文件后，可以执行"图像"|"图像大小"命令，打开"图像大小"对话框，设置相关参数即可改变图像文档的大小，如图 8-51 所示。

图 8-51　"图像大小"对话框

8.2.3　色阶

"色阶"命令是最常用到的调整命令之一。它不仅可以调整图像的阴影、中间调和高光的强度级别，而且还可以校正色调范围和色彩平衡。

打开素材图片，执行"图像"|"调整"|"色阶"命令（快捷键 Ctrl+L），将弹出"色阶"对话框，如图 8-52 所示。

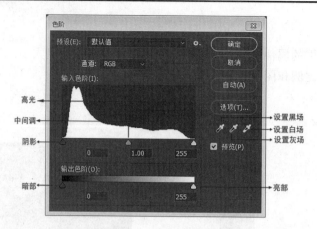

图 8-52 "色阶"对话框

在"色阶"对话框中，中间的直方图显示了图像的色阶信息。其中，黑色滑块代表图像的暗部，灰色滑块代表图像的中间色调，白色滑块代表图像的亮部。通过拖动黑、灰、白色滑块或输入数值来调整图像的明暗变化。对"色阶"对话框中其他选项的解释如下。

- 通道：在"通道"下拉列表框中可以选择一个颜色通道进行调整。
- 输入色阶：用来调整图像的阴影（左侧滑块）、中间调（中间滑块）和高光区域（右侧滑块），从而提高图像的对比度。拖动滑块或者在滑块下面的文本框中输入数值都可以对图片的输入色阶进行调整。向左拖动滑块，与之对应的图片色调会变亮，向右拖动滑块，则图片色调会变暗。
- 输出色阶：可以限制图像的亮度范围，从而降低对比度，使图像呈现出类似褪色的效果。同样，拖动滑块或者在滑块下面的文本框中输入数值，都可以对图片的输出色阶进行调整。

打开素材图片"花儿.jpg"，按 Ctrl+L 快捷键调出"色阶"对话框，在"通道"下拉列表框中选择"红"通道，然后拖动中间滑块往右移动进行调整，单击"确定"按钮，即可完成图像色调及颜色的调节，如图 8-53 和图 8-54 所示。

图 8-53 素材"花儿"

图 8-54 调整色阶后效果

8.2.4 曲线

"曲线"命令可用来调节图像的整个色调范围，它和"色阶"命令相似，但比"色阶"

命令对图像的调节更加精密，因为曲线中的任意一点都可以进行调节。执行"图像"|"调整"|"曲线"命令（快捷键 Ctrl+M），弹出"曲线"对话框，如图 8-55 所示。

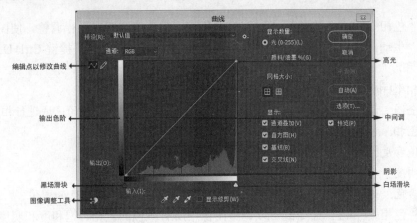

图 8-55　"曲线"对话框

"曲线"对话框中各选项的解释如下。

- 预设：包含了 Photoshop 中提供的各种预设调整文件，可用于调整图像。
- 编辑点以修改曲线：打开"曲线"对话框时，该按钮默认为按下状态。在曲线中添加控制点可以改变曲线形状，从而调节图像。
- 使用铅笔绘制曲线：按下该按钮后，可以通过手绘效果的自由曲线来调节图像。
- 图像调整工具：单击该按钮后，将光标放在图像上，曲线上会出现一个空的图形，它代表了光标处的色调在曲线上的位置，单击并拖动鼠标可添加控制点并调整相应的色调。
- "自动"按钮：单击该按钮，可以对图像应用"自动颜色""自动对比度"或"自动色调"校正。
- "选项"按钮：单击该按钮，可以打开"自动颜色校正选项"对话框。

使用"曲线"命令进行调节时，可以添加多个控制点，从而对图像的色彩进行精确的调整，具体操作如下：

打开素材图片"黑金菊.jpg"，按下 Ctrl+M 快捷键调出"曲线"对话框，在曲线上单击添加控制点，拖动控制点调节曲线的形状，单击"确定"按钮即可完成图像色调及颜色的调节，如图 8-56 和图 8-57 所示。

图 8-56　素材"黑金菊"

图 8-57　调整曲线后效果

8.2.5 色相/饱和度

使用"色相/饱和度"命令可以对图像的色相、饱和度和明度进行调整，使图像的色彩更加丰富、生动。执行"图像"|"调整"|"色相/饱和度"命令（快捷键 Ctrl+U），将弹出"色相/饱和度"对话框，如图 8-58 所示。

"色相/饱和度"对话框中常用选项的解释如下。

➥ 全图：该下拉列表框用于设置调整范围，可以针对不同颜色的区域进行相应的调节。

➥ 色相：色相是各类颜色的相貌称谓，用于改变图像的颜色。

➥ 饱和度：指色彩的鲜艳程度。

➥ 明度：指色彩的明暗程度。

➥ 着色：选中该复选框，可以使灰色或彩色图像变为单一颜色的图像。

使用"色相/饱和度"命令既可以调整图像中所有颜色的色相、饱和度和明度，也可以针对单种颜色进行调整。具体操作如下：

打开素材图片"红色玫瑰.jpg"，按 Ctrl+U 快捷键调出"色相/饱和度"对话框，拖动滑块可以调整图像中所有颜色的色相、饱和度和明度。如图 8-59 和图 8-60 所示，调整"全图"色相效果。

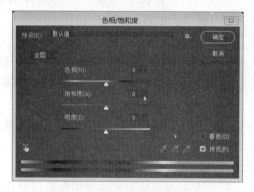

图 8-58 "色相/饱和度"对话框　　　　　图 8-59 素材"红色玫瑰"

在"全图"下拉列表框中选择"红色"选项，拖动滑块即可针对画面中红色颜色的色相、饱和度和明度进行调整，如图 8-61 所示。

图 8-60 调整"全图"色相效果　　　　　图 8-61 调整"红色"色相的效果

8.2.6　色彩平衡

"色彩平衡"命令通过调整色彩的色阶来校正图像中的偏色现象，从而使图像达到一种平衡。执行"图像"|"调整"|"色彩平衡"命令（快捷键 Ctrl+B），将弹出"色彩平衡"对话框，如图 8-62 所示。

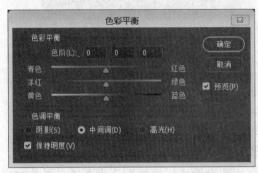

图 8-62　"色彩平衡"对话框

"色彩平衡"对话框中各选项的解释如下。

- ➥ 色彩平衡：用于添加过渡色来平衡色彩效果。在"色阶"文本框中输入合适的数值，或者拖动滑块，都可以调整图像的色彩平衡。如果需要增加哪种颜色，就将滑块向所要增加颜色的方向拖动即可。
- ➥ 色调平衡：用于选取图像的色调范围，主要通过"阴影""中间调""高光"进行设置。选中"保持明度"复选框，可以在调整颜色平衡的过程中保持图像整体亮度不变。

打开素材图片"泸沽湖.jpg"，按下 Ctrl+B 快捷键将弹出"色彩平衡"对话框，拖动滑块（-40,12,64）调整色彩。单击"确定"按钮确定操作，如图 8-63 和图 8-64 所示。

图 8-63　素材"泸沽湖"

图 8-64　调整色彩平衡后的效果

8.2.7　亮度/对比度

"亮度/对比度"命令可以快速地调节图像的亮度和对比度。执行"图像"|"调整"|

"亮度/对比度"命令，将弹出"亮度/对比度"对话框，如图 8-65 所示。

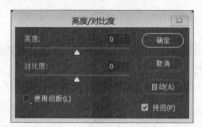

图 8-65 "亮度/对比度"对话框

"亮度/对比度"对话框中各选项的解释如下。

- 亮度：拖动该滑块，或在文本框中输入数字（-100～100），即可调整图像的明暗。向左拖动滑块，数值显示为负值，图像亮度降低。向右拖动滑块，数值显示为正值，图像亮度增加。

- 对比度：用于调整图像颜色的对比程度。向左拖动滑块，数值显示为负值，图像对比度降低。向右拖动滑块，数值显示为正值，图像对比度增加。

- "使用旧版"复选框：Photoshop CS6 之后的版本对"亮度/对比度"的调整算法进行了改进，能够保留更多的高光和细节。如果需要使用旧版本的算法，可以选中"使用旧版"复选框，如图 8-66 和图 8-67 所示。

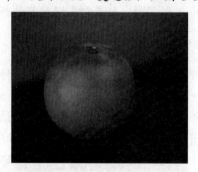

图 8-66 素材"橙子"　　　　　图 8-67 调整亮度后的效果

在现实生活中，经常需要对数码照片进行后期处理，使照片看上去更加美观。Photoshop CC 提供了丰富的图像修复和修饰工具，使用这些工具处理图像，可以使图像变得更加完美。

8.2.8 污点修复画笔工具

使用"污点修复画笔工具"可以快速去除图像中的杂点或污点。选择该工具后，只需在图像中有污点的地方单击，即可快速修复污点。"污点修复画笔工具"可以自动从所修复区域的周围取样来进行修复操作，不需要我们定义参考点。选择"污点修复画笔工具"，其选项栏如图 8-68 所示。

图 8-68 "污点修复画笔工具"选项栏

确定样本像素有"内容识别""创建纹理""近似匹配"3 种类型，对它们的解释如下。

➥ 内容识别：选中该项，可使用选区周围的像素进行修复。

➥ 创建纹理：选中该项，则使用选区中的所有像素创建一个用于修复该区域的纹理。如果纹理不起作用，可以再次拖过该区域。

➥ 近似匹配：选中该项，如果没有为污点建立选区，则样本自动采用污点外围四周的像素；如果选中污点，则样本采用选区外围的像素。

打开素材图片"微笑女孩.jpg"，选择"污点修复画笔工具"，在选项栏中选择一个比要修复区域稍大一点的画笔笔尖，其他选项保持默认设置。将光标放在斑点处，然后单击，污点即被去除，如图 8-69 和图 8-70 所示。

图 8-69 素材"微笑女孩"　　　　图 8-70 污点修复画笔修复后效果

8.2.9 修复画笔工具

使用"修复画笔工具"可以通过从图像中取样，以达到修复图像的目的。与"污点修复画笔工具"不同的是，使用"修复画笔工具"时需要先按住 Alt 键进行取样来控制取样来源。

"修复画笔工具"选项栏中各选项的解释如下。

➥ 画笔：用于选择修复画笔的大小及形状等。

➥ 模式：用于设置复制像素或填充图案与底图的混合模式。

➥ 取样：选中该按钮，可以从图像中取样来修复有缺陷的图像。

➥ 图案：选中该按钮，可以使用图案填充图像，并且将根据周围的图像来自动调整图案的色彩和色调。

➥ 对齐：用于设置是否在复制时使用对齐功能。

➥ 样本：用于设置修复的样本，分别为"当前图层""当前和下方图层""所有图层"。

打开素材图片"纹身女孩.jpg"，选择"修复画笔工具"，在选项栏中选择一个柔和的笔尖，其他选项保持默认设置。将光标放在纹身附近的皮肤上，按住 Alt 键，光标将变为圆形十字图标，此时，单击进行取样。然后，放开 Alt 键，在纹身处单击并拖动鼠标进行修复，如图 8-71 和图 8-72 所示。

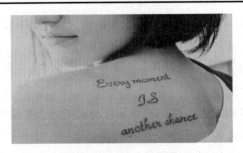

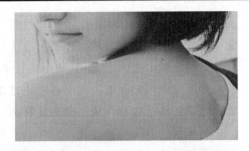

图 8-71　素材"纹身女孩"　　　　　图 8-72　使用"修复画笔工具"修复后的效果

8.2.10　修补工具

"修补工具"是使用其他区域中的像素来修复选中的区域，并将样本像素的纹理、光照和阴影与源像素进行匹配。该工具的特别之处是需要用选区来定位修补范围。选择"修补工具"，其选项栏如图 8-73 所示。

图 8-73　"修补工具"选项栏

"修补工具"选项栏中各选项的解释如下。

 ⬎　源：单击该按钮，如果将源图像选区拖至目标区域，则源区域图像将被目标区域的图像覆盖。

 ⬎　目标：单击该按钮，表示将选定区域作为目标区域，用其覆盖需要修补的区域。

 ⬎　"透明"复选框：可以将图像中差异较大的形状图像或颜色修补到目标区域中。

 ⬎　使用图案：创建选区后该按钮将被激活，单击其右侧的下拉按钮，可以在打开的图案列表中选择一种图案，以对选区图像进行图案修复。

打开素材图片"字迹.jpg"，选择"修补工具"，并在选项栏中单击"目标"按钮，其他选项保持默认设置。在图像中单击并拖动鼠标绘制选区。然后，将光标放在选区内，单击并向左拖动鼠标，即可复制图像，如图 8-74 和图 8-75 所示。

图 8-74　素材"字迹"　　　　　　图 8-75　使用"修补工具"修复后的效果

8.2.11　内容感知移动工具

使用"内容感知移动工具"可以在移动图片中选中的某个区域时，智能填充原来的位置。使用"内容感知移动工具"时，需要先为需要移动的区域创建选区，然后将其拖动到所需位置即可。选择"内容感知移动工具"，其工具选项栏如图 8-76 所示。

图 8-76　"内容感知移动工具"选项栏

"内容感知移动工具"选项栏中各选项的解释如下。

↳ 模式：在该下拉列表中，可以选择"移动"和"扩展"两种模式。其中，"移动"选项是将选取的区域内容移动到其他位置，并自动填充原来的区域；"扩展"选项是将选取的区域内容复制到其他位置，并自动填充原来的区域。

↳ 适应：在该下拉列表中，可以设置选择区域保留的严格程度，包含"非常严格""严格""中""松散""非常松散" 5 个选项。

打开素材图片"草莓.jpg"，选择"内容感知移动工具"，在选项栏中将"模式"设置为"移动"，其他选项保持默认设置。在图像中选中最下面的小草莓，然后将光标放在选区内，单击并向画面右上侧拖动鼠标，释放鼠标后，选区内的图像将会被移动到新的位置，如图 8-77 和图 8-78 所示。

图 8-77　素材"草莓"　　　　　图 8-78　使用"内容感知移动工具"移动草莓效果

8.2.12　红眼工具

使用"红眼工具"可以去除拍摄照片时产生的红眼。选择工具箱中的"红眼工具"，其工具选项栏如图 8-79 所示。在选项栏中，可以设置瞳孔的大小和瞳孔的暗度。

图 8-79　"红眼工具"选项栏

"红眼工具"的使用方法非常简单。打开素材图片"地狱少女.jpg"，选择"红眼工具"，然后在图像中有红眼的位置单击，即可去除红眼，如图 8-80 和图 8-81 所示。

图 8-80 素材"地狱少女"　　　　　图 8-81 使用"红眼工具"修复后的效果

8.2.13 仿制图章工具

"仿制图章工具"是一种复制图像的工具，原理类似于克隆技术。它可以将一幅图像的全部或部分复制到同一幅图像或另一幅图像中。选择"仿制图章工具"后，其工具选项栏如图 8-82 所示。

图 8-82 "仿制图章工具"选项栏

"仿制图章工具"选项栏中各选项的解释如下。

- 画笔：用于设置画笔的大小及形状等。
- 模式：用于设置"仿制图章工具"的混合模式。
- 不透明度：用于设置"仿制图章工具"在仿制图像时的不透明度。
- 对齐：用于设置是否在复制时使用对齐功能。
- 样本：用于设置仿制的样本，分别为"当前图层""当前和下方图层""所有图层"。

打开素材图片"钱包.jpg"，选择"仿制图章工具"，将鼠标光标定位在图像中需要复制的位置，按住 Alt 键，光标将变为圆形十字图标。此时，单击定下取样点，然后释放鼠标。在画中合适的位置单击，并按住鼠标左键不放进行涂抹，直至复制出目标对象，如图 8-83 和图 8-84 所示。

图 8-83 素材"钱包"　　　　　图 8-84 使用"仿制图章工具"修复后的效果

8.2.14　图层蒙版

图层蒙版就是对当前图层像素是显示、隐藏进行灵活控制，它要配合图层一起使用，不能单独存在，在图层蒙版中，只有白色、黑色和灰色。蒙版上的白色使当前图层对应位置的像素显现，黑色使当前图层对应位置的像素隐藏，而灰色使当前图层对应的位置的像素具有一定程度的透明，如图 8-85 和图 8-86 所示。

图 8-85　未添加图层蒙版效果

图 8-86　添加图层蒙版效果

图层蒙版的常见操作如下。

1. 添加图层蒙版

在"图层"面板中，单击"添加图层蒙版"按钮，即可为选中的图层添加一个白色蒙版，或者按住 Alt 键，再单击"添加图层蒙版"按钮，可为选中的图层添加一个黑色的蒙版。

221

2．显示和隐藏图层蒙版缩览图

按住 Alt 键不放，单击"图层"面板中的图层蒙版缩览图，画布中的图像将被隐藏，只显示蒙版图像。按住 Alt 键不放，再次单击图层蒙版缩览图，将恢复画布中的图像效果。

3．图层蒙版的链接

在"图层"面板中，图层缩览图和图层蒙版缩览图之间存在着"链接图标"，用来关联图像和蒙版，当移动图像时，蒙版会同步移动。单击"链接图标"时，将不再显示此图标，此时，可以分别对图像与蒙版进行操作。

4．停用和恢复图层蒙版

执行"图层"|"图层蒙版"|"停用"命令（或按住 Shift 键不放，单击图层蒙版缩略图），可停用被选中的图层蒙版，此时图像将全部显示。再次单击图层蒙版缩略图，将恢复图层蒙版效果。

5．删除图层蒙版

执行"图层"|"图层蒙版"|"删除"命令或在图层蒙版缩略图上单击鼠标右键，在弹出的快捷菜单中，删除被选中的图层蒙版。

8.2.15　图层混合模式

为了实现一些绚丽的效果，在进行图像合成时，经常需要对多个图层进行颜色的融合，这时就需要使用图层的混合模式。在"图层"面板中，单击"图层混合模式"按钮，在弹出的图层混合模式下拉菜单中选择要设置的模式即可。

常用的图层混合模式有"正片叠底""叠加""滤色"等。

由于混合模式用于控制上下两个图层在叠加时所显示的整体效果，因此通常为上方的图层设置混合模式。

"正片叠底"是 Photoshop CS6 中最常用的图层混合模式之一，通过"正片叠底"模式可以将图像的原有颜色与混合色复合，得到较暗的结果色。在进行图像合成时，常用"正片叠底"来添加阴影或保留图像中的深色部分，如图 8-87 和图 8-88 所示。

图 8-87　"正常"模式下的色块　　　图 8-88　"正片叠底"模式下的色块

　　"滤色"模式与"正片叠底"模式相反，应用"滤色"模式的合成图像，其结果色将比原有颜色更淡。因此"滤色"通常会用于加亮图像或去掉图像中的暗色调色部分。"滤色"就是保留两个图层中较白的部分，并且遮盖较暗部分的一种图层混合模式，如图 8-89 和图 8-90 所示。

　　　图 8-89　"滤色"模式下的色块　　　　　图 8-90　"叠加"模式下的色块

　　"叠加"是"正片叠底"和"滤色"的组合模式。采用此模式合并图像时，图像的中间色调会发生变化，高色调和暗色调区域基本保持不变。当图像叠加后，图像的高色调和暗色调区域，如"黑色""白色"等没有变化，但图像的中间色调如"灰色"发生了或明或暗的变化。

8.2.16　滤镜

　　滤镜在 Photoshop 中具有非常神奇的作用。所有的滤镜在 Photoshop 中都按分类放置在菜单中，使用时只需要从该菜单中执行相应命令即可。滤镜的操作是非常简单的，但是真正用起来却很难恰到好处。滤镜通常需要同通道、图层等联合使用，才能取得最佳艺术效果。

1．模糊

　　"模糊"滤镜组包含 11 种滤镜，涂抹可以柔化图像、降低相邻像素之间的对比度，使图像产生柔和、平滑的过渡效果。下面介绍两种常用滤镜。

- 表面模糊：在保留边缘的同时模糊图像。执行"滤镜"|"模糊"|"表面模糊"命令，将弹出"表面模糊"对话框。"半径"选项指定模糊取样区域的大小。"阈值"选项控制相邻像素色调值与中心像素值相差多大时才能成为模糊的一部分。色调值差小于阈值的像素被排除在模糊之外。
- 高斯模糊：可以使图像产生朦胧的雾化效果。执行"滤镜"|"模糊"|"高斯模糊"命令，将弹出"高斯模糊"对话框。"半径"用于设置模糊的范围，数值越大，模糊效果越强烈。

2．液化

　　"液化"滤镜可用于推、拉、旋转、反射、折叠和膨胀图像的任意区域。创建的扭曲

可以是细微的或剧烈的，这就使"液化"命令成为修饰图像和创建艺术效果的强大工具。执行"滤镜"|"液化"命令（或按 Shift+Ctrl+X 组合键）即可弹出"液化"对话框。

- ⮧ 向前变形工具：通过在图像上拖动，向前推动图像而产生变形。
- ⮧ 重建工具：通过绘制变形区域，能够部分或全部恢复图像的原始状态。
- ⮧ 使用冻结蒙版工具：将不需要液化的区域创建为冻结的蒙版，防止更改这些区域。
- ⮧ 解冻蒙版工具：可以擦除解冻的蒙版。

任务实施

——照片后期处理

步骤 1：执行"文件"|"打开"命令，打开素材文件"漂亮妹子.jpg"，如图 8-91 所示。

步骤 2：按 Ctrl+J 快捷键复制得到"图层 1"，重命名为"去除明显瑕疵"，选择"污点修复画笔工具"，按[或]键调整笔头大小，将脸、耳朵及身上的痣或者斑点进行去除。去除过程中，可以按 Ctrl++/-快捷键对图像进行放大或缩小，以便可以看得更加清晰，如图 8-92 所示。

步骤 3：按 Ctrl+J 快捷键复制一层，重命名为"去除纹身"，选择"修复画笔工具"，设置画笔笔头大小为 125，在纹身的左侧按住 Alt 键的同时单击鼠标左键进行取样，再将笔头移至纹身处边缘处点击，反复操作逐步将纹身去除，如图 8-93 所示。

图 8-91　素材"漂亮妹子"　　　图 8-92　去除明显瑕疵　　　图 8-93　去除纹身

步骤 4：按 Ctrl+J 快捷键复制一层，重命名为"调整色彩"，执行"图像"|"调整"|"色彩平衡"命令，在弹出的对话框中设置色阶参数为（-20，+24，+58），单击"确定"按钮，如图 8-94 所示。

步骤 5：放大图像，用快速选择工具将嘴唇选中，按 Ctrl+J 快捷键复制图层，重命名为"调整嘴唇颜色"，执行"图像"|"调整"|"色相/饱和度"命令，在弹出的对话框中拖动滑块设置色相参数为-10，饱和度参数为+45，明度为-18，单击"确定"按钮，如图 8-95

所示。

图 8-94　调整色彩

图 8-95　调整嘴唇颜色

步骤 6：按 Shift+Ctrl+Alt+E 组合键盖印图层，重命名为"表面模糊"，执行"滤镜"|"模糊"|"表面模糊"命令，拖动滑块调整皮肤上的小瑕疵，设置阈值为 4，半径为 10，单击"确定"按钮。按住 Alt 键添加黑色图层蒙版，选择画笔工具，设置前景色为白色，调整笔头大小为 150，硬度为 50%，在皮肤上进行涂抹，这样可以去除皮肤上的小瑕疵，如图 8-96 所示。

步骤 7：按 Shift+Ctrl+Alt+E 组合键盖印图层，重命名为"高斯模糊"，执行"滤镜"|"模糊"|"高斯模糊"命令，在弹出的对话框中设置半径为 2.5，单击"确定"按钮。按住 Alt 键添加黑色图层蒙版，选择画笔工具，设置前景色为白色，调整笔头大小为 15，硬度为 0%，不透明度为 50%，放大图像后在皮肤剩下的瑕疵上进行涂抹，这样可以去除皮肤上的其他瑕疵，如图 8-97 所示。

图 8-96　表面模糊

图 8-97　高斯模糊

步骤 8：按 Shift+Ctrl+Alt+E 组合键盖印图层，重命名为"液化"，执行"滤镜"|"液

化"命令，调整向前变形工具笔头的大小，将下颌的位置往鼻眼方向拖动从而使脸看起来变瘦；将颈部与肩部相连的位置往下拖动使得脖子变长，减少肩膀的厚度；将手臂处的衣服往右拖动从而使得整个体型变瘦；将左侧的额头向外拖动从而使得额头饱满；将头顶的头发向上拖动从而使得头发变得蓬松，让头型更加美观，最后单击"确定"按钮，如图 8-98 所示。

步骤 9：按 Ctrl+J 快捷键复制一图层，重命名为"调整"，执行"图像"|"调整"|"色阶"命令，为了使人物更加通透，增加层次感，将阴影和高光分别设置为 8 和 232，单击"确定"按钮，如图 8-99 所示。

步骤 10：打开"玫瑰花"素材，按 Ctrl+J 快捷键复制一图层并拖入"漂亮妹子"的最上面一层，设置图层的混合模式为"正片叠底"，按 Ctrl+T 快捷键缩放大小并旋转，摆放至合适的位置后设置不透明度为 80%。到这里，我们将整个数码照片处理完毕，得到最终效果，如图 8-100 所示。

图 8-98　液化

图 8-99　调整

图 8-100　添加纹身

情 9 境

网页制作

Internet 的飞速发展促使各种用途网站层出不穷，而随着互联网进入社交媒体和自媒体时代，各式各样的网页也越来越多，这些千变万化的网页大都是用 HTML 编写的。从企业到个人都可以开发自己的网页，可以在页面中添加文字、图片、动画等各种多媒体资源用以宣传自己的产品或企业，也可以添加新闻发布、快捷支付、售后服务等功能模块，从而达到快速便捷的宣传及营销效果。

在本学习情境中，要完成两个工作任务，掌握站点创建、网页制作和向网页添加多媒体元素等操作。

任务 9.1　创建页面

任务 9.2　设置页面标题文字

任 务 描 述

在本情境中，要求利用 HTML 语言创建第一个页面，为页面设置标签及元素，并在此基础上为页面添加各种多媒体元素。

任务 9.1　创 建 页 面

9.1.1　HTML 简介

HTML（Hyper Text Markup Language）超文本标记语言，主要用于在 Internet 上编写网页，网页的本质就是超级文本标记语言，再结合使用其他的 Web 技术制作出功能强大的网页。

HTML 是纯文本类型的语言，可以使用任何编辑器（如"记事本"程序）查看和编辑其源代码。HTML 文件可以直接由浏览器解释执行，浏览器读取网页的 HTML 代码，分析其语法结构，然后根据标记符解释和显示网页内容。

目前，被广泛使用的是 HTML5，HTML5 提供了更多的 API 以及新属性和新元素。HTML5 能够更简单的创建程序，编写出更简洁的代码，使用 HTML5 开发 Web 应用将会更轻松。目前支持 HTML5 的浏览器包括 Firefox（火狐浏览器）、IE9 及其更高版本、Safari、Opera 等；傲游浏览器（Maxthon）、360 浏览器、搜狗浏览器、QQ 浏览器、猎豹浏览器等国产浏览器同样具备支持 HTML5 的能力。

【例 9-1】利用 HTML 创建第一个页面。

步骤 1：打开 Adobe Dreamweaver CS6，建立站点 myweb。选择"站点"|"新建站点"命令，如图 9-1 所示。

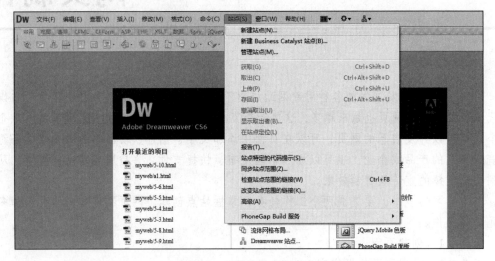

图 9-1 "新建站点"命令

步骤 2：输入站点名称以及设置本地站点文件夹路径，如图 9-2 所示。

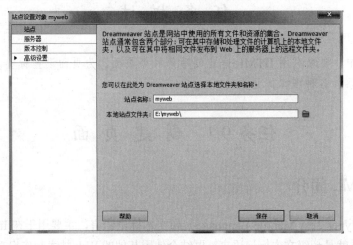

图 9-2 站点命名

步骤 3：选择"服务器"选项，并单击"添加服务器"按钮，如图 9-3 所示。

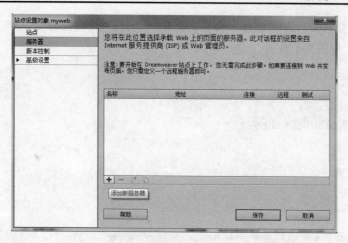

图 9-3　添加服务器命令

步骤 4：设置服务器的"基本"和"高级"选项，并单击"保存"按钮，如图 9-4 和图 9-5 所示。

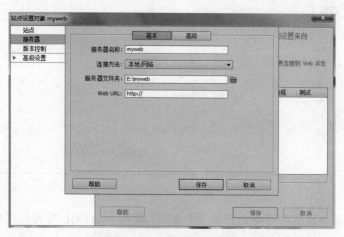

图 9-4　设置服务器基本选项

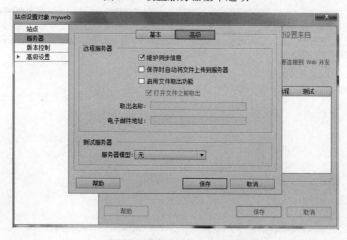

图 9-5　设置服务器高级选项

步骤 5：选择"文件"|"新建"命令，新建一个 HTML 的空白页，单击"代码"视图，添加如下代码，如图 9-6 所示。

```
<html>
<head>
<meta charset="utf-8">
<title>第一个页面的标题</title>
</head>
<body>
我的第一个页面
</body>
</html>
```

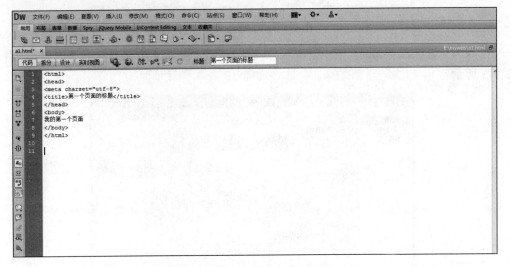

图 9-6　添加代码

步骤 6：选择"预览"命令运行页面。至此，第一个 HTML 页面已创建完成，如图 9-7 所示。

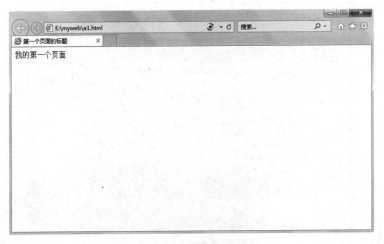

图 9-7　预览页面

9.1.2　HTML 标签及元素

一个 HTML 文件是由一系列的元素和标签组成的。元素是 HTML 文件的重要组成部分，如 title（标题）、img（图像）等。元素名不区分大小写。HTML 用标签来规定元素的属性和它在文件中的位置。

HTML 的标签有单独出现和成对出现两种。成对标签仅对包含在其中的文件部分发生作用，例如<title>和</title>标签用于界定标题元素的范围，即<title>和</title>之间的部分是标题。单独标签的格式为<元素名称>，其作用是在相应的位置插入元素，例如
标签是在该标签所在位置插入一个换行符。

当用一组 HTML 标签将一段文字包含在中间时，这段文字与包含文字的 HTML 标签被称之为一个元素。在所有 HTML 文件，最外层的元素是由<html>标签建立的。在<html>标签所建立的元素中，包含了两个主要的子元素，这两个子元素是由<head>标签与<body>标签所建立的。<head>标签所建立的元素的内容为文件标题，而<body>标签所建立的元素内容为文件主体。

在 HTML 标签中还可设置一些属性，控制 HTML 标签所建立的元素，例如：

<元素名称 属性1="值1"　属性2="值2"…>内容</元素名称>

主体标记<body>中的常用属性如表 9-1 所示。

表 9-1　<body>元素常用属性

属　　　性	描　　　述
text	文字颜色
bgcolor	背景颜色
background	背景图像
bgproperties	固定背景图像
link	链接属性
margin	边距

【例 9-2】页面及文字颜色。

新建空页面，添加如下代码，完成对页面和文字颜色的设置，如图 9-8 所示。

```
<html>
<head>
<meta charset="utf-8">
<title>页面及文字颜色</title>
</head>
<body text="#993333" bgcolor="#CCFFCC">
设定文字颜色
</body>
</html>
```

可利用 background 属性为页面设定背景图片，并设置页面文字和链接为不同颜色。

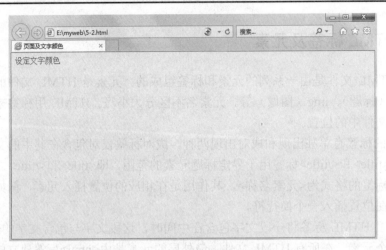

图 9-8　设置页面及文字颜色

【例 9-3】背景图片（见图 9-9）。

```
<html>
<head>
<meta charset="utf-8">
<title>背景图片</title>
</head>
<body text="#00FF00" link="#FF0000" background="images/1.jpg">
遨游网络世界
<br/>
<a href="http://www.sina.com.cn" target="_blank">新浪</a><br/>
<a href="http://www.baidu.com" target="_self">百度</a>
</body>
</html>
```

图 9-9　设置页面背景图片

以上例子中的页面链接是通过<a>标记实现的，链接能使浏览者从一个页面跳转到另一个页面，通过 href 设定链接地址，通过 target 设定目标窗口属性，target 的取值说明如表 9-2 所示。

表 9-2　target 取值说明

值	窗口打开方式
_blank	新窗口打开
_self	当前窗口打开
_parent	上一级窗口打开
_top	浏览器整个窗口打开

任务 9.2　设置页面标题文字

标题文字以某种固定的字号显示文字，HTML 中的标题文字指明页面上的 6 级标题，其中，align 设置对齐属性。

【例 9-4】标题文字（见图 9-10）。

```
<html>
<head>
<meta charset="utf-8">
<title>标题文字</title>
</head>
<body>
<h1>1级标题</h1>
<h2 align="center">2级标题</h2>
<h3 align="right">3级标题</h3>
<h4>4级标题</h4>
<h5>5级标题</h5>
<h6>6级标题</h6>
</body>
</html>
```

图 9-10　设置页面标题文字

1. 字体设置

在 HTML 中可以对<font>标记应用不同属性来设置字体，还可以应用<marquee>标记实现文字滚动效果，<font>标记的常用属性如表 9-3 所示。

表 9-3   <font>常用属性

属　　性	描　　述
face	字体效果
size	字体大小
color	字体颜色

HTML 中敲入空格可以使用 ，如果要实现居中效果可以应用<center>标记。

【例 9-5】字体设置（见图 9-11）。

```
<html>
<head>
<meta charset="utf-8">
<title>字体设置</title>
</head>
<body>
<marquee><font face="华文彩云" size="8" color="#FF0000">早发白帝城</font></marquee><br/>
<marquee direction="up"><font face="隶书"size="4" color="#00FF00">[唐] 李白</font></marquee><br/>
<font face="宋体" size="6" color="#9F5F9F">朝辞白帝彩云间，千里江陵一日还。</font><br/>
<font face="宋体" size="6" color="#9F5F9F">两岸猿声啼不住，轻舟已过万重山。</font><br/><br/><br/>
         <font face="隶书" size="6" color=
"#5959AB">望庐山瀑布</font><br/>
               
  <font face="宋体"size="3" color="#8E236B">[唐] 李白</font><br/>
日照香炉生紫烟，遥看瀑布挂前川。<br/>
飞流直下三千尺，疑是银河落九天。<br/><br/><br/>
<center>
春夜喜雨<br/>
[唐] 杜甫<br/>
好雨知时节，当春乃发生。<br/>
随风潜入夜，润物细无声。<br/>
野径云俱黑，江船火独明。<br/>
晓看红湿处，花重锦官城。<br/>
</center>
</body>
</html>
```

2. 设置段落

在 HTML 中使用<p>标记表示段落，<p>标记可成对使用也可单独使用，其中文本的紧凑换行可使用
标记，可使用<embed>标记为页面添加背景音乐和视频等其他多媒体资源。

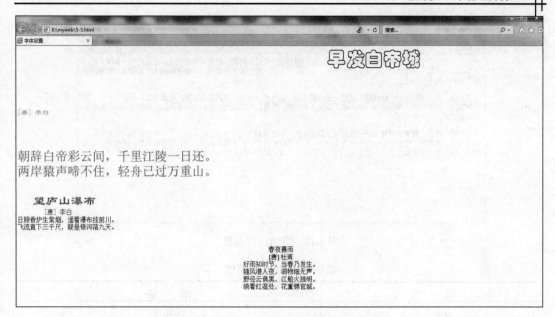

图 9-11　页面字体设置

【例 9-6】设置段落（见图 9-12）。

```html
<html>
<head>
<meta charset="utf-8">
<title>设置段落</title>
</head>
<body>
<p>这几天心里颇不宁静。今晚在院子里坐着乘凉，忽然想起日日走过的荷塘，在这满月的光里，总
该另有一番样子吧。月亮渐渐地升高了，墙外马路上孩子们的欢笑，已经听不见了；妻在屋里拍着闰儿，
迷迷糊糊地哼着眠歌。我悄悄地披了大衫，带上门出去。</p>
<p>沿着荷塘，是一条曲折的小煤屑路。这是一条幽僻的路；白天也少人走，夜晚更加寂寞。荷塘四
面，长着许多树，蓊蓊郁郁的。路的一旁，是些杨柳，和一些不知道名字的树。没有月光的晚上，这路上
阴森森的，有些怕人。今晚却很好，虽然月光也还是淡淡的。</p>
<p>路上只我一个人，背着手踱着。这一片天地好像是我的；我也像超出了平常的自己，到了另一个
世界里。我爱热闹，也爱冷静；爱群居，也爱独处。像今晚上，一个人在这苍茫的月下，什么都可以想，
什么都可以不想，便觉是个自由的人。白天里一定要做的事，一定要说的话，现在都可不理。这是独处的
妙处，我且受用这无边的荷香月色好了。</p>
<embed src="images/1.mp3" height="0" width="0">
</embed>
</body>
</html>
```

3. 水平线标记

水平线用于表示页面中内容间的分隔，使用<hr>标记水平线，水平线具有颜色、宽度、高度等属性，如表 9-4 所示。

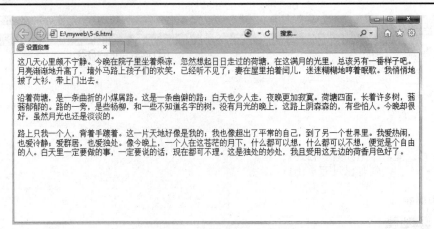

图 9-12　页面段落设置

表 9-4　　<hr>常用属性

属　　性	描　　述
width	水平线宽度
size	水平线高度
color	水平线颜色
align	水平线对齐方式
noshade	去掉水平线阴影

【例 9-7】添加水平线（见图 9-13）。

```
<html>
<head>
<meta charset="utf-8">
<title>添加水平线</title>
</head>
<body>
<hr>
<font face="隶书" size="6">将进酒·君不见黄河之水天上来</font>
<hr width="130" align="right">
<font size="4">[唐] 李白</font>
<hr width="85%" size="3"    align="left">
君不见黄河之水天上来，奔流到海不复回。<br/>
君不见高堂明镜悲白发，朝如青丝暮成雪。<br/>
人生得意须尽欢，莫使金樽空对月。<br/>
天生我材必有用，千金散尽还复来。<br/>
烹羊宰牛且为乐，会须一饮三百杯。<br/>
岑夫子，丹丘生，将进酒，杯莫停。<br/>
与君歌一曲，请君为我侧耳听。<br/>
钟鼓馔玉不足贵，但愿长醉不复醒。<br/>
古来圣贤皆寂寞，惟有饮者留其名。<br/>
陈王昔时宴平乐，斗酒十千恣欢谑。<br/>
主人何为言少钱，径须沽取对君酌。<br/>
五花马，千金裘，<br/>
```

```
呼儿将出换美酒，与尔同销万古愁。<br/>
<hr color="#CC3300" size="3">
</body>
</html>
```

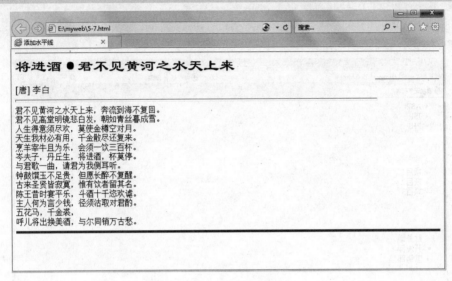

图 9-13　添加水平线

4. 无序列表

无序列表使用项目符号标记项目，项目之间没有顺序之分，使用<ul>标记无序列表，使用<li>标记列表项，使用 type 属性设定符号。

【例 9-8】添加无序列表（见图 9-14）。

```
<html>
<head>
<meta charset="utf-8">
<title>添加无序列表</title>
</head>
<body>
<ul>
    <li>ASP</li>
    <li>JSP</li>
    <li>PHP</li>
</ul>
<br/>
<br/>
<ul type="circle">
    <li>项目1</li>
    <li>项目2</li>
    <li>项目3</li>
</ul>
<br/>
<br/>
```

```
<ul>
    <li type="circle">财务部</li>
    <li type="square">开发部</li>
    <li type="disc">营销部</li>
</ul>
</body>
</html>
```

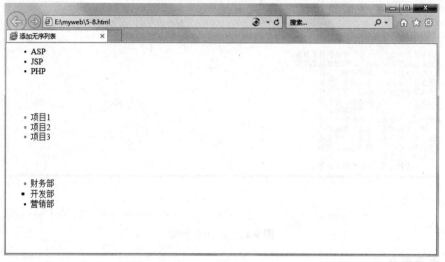

图 9-14 添加无序列表

显示单列列表项也可使用<menu>标记的菜单列表，菜单列表的显示效果和无序列表是相同的。

5. 有序列表

有序列表使用编号标记项目，采用数字或英文字母开头，使用<ol>标记有序列表。

【例 9-9】添加有序列表（见图 9-15）。

```
<html>
<head>
<meta charset="utf-8">
<title>添加有序列表</title>
</head>
<body>
<ol>
    <li>项目1</li>
    <li>项目2</li>
    <li>项目3</li>
</ol>
<br/>
<br/>
<ol start="5">
    <li>ASP</li>
    <li>JSP</li>
```

```
    <li>PHP</li>
</ol>
<br/>
<br/>
<ol type="A" start="3">
    <li>财务部</li>
    <li>开发部</li>
    <li>营销部</li>
</ol>
</body>
</html>
```

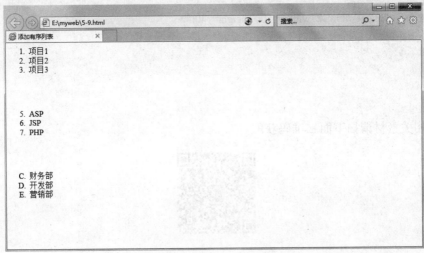

图 9-15　添加有序列表

6. 添加图像和视频

目前网页上流行的图像多以 GIF 和 JPEG 为主，视频以 mp4 为主，使用<embed>标记在页面中添加视频，可使用<img>标记在页面中添加图像，其常用属性如表 9-5 所示。

表 9-5　<img>常用属性

属　性	描　述
src	图像文件所在路径
heigh	图像高度
width	图像宽度
border	图像边框
hspace	图像水平间距
vspace	图像垂直间距

【例 9-10】添加图像和视频。

```
<html>
<head>
<meta charset="utf-8">
```

```
<title>添加图像及视频</title>
</head>
<body>
<img src="images/2.jpg"    border=3/>
<br/><br/><br/>
<img src="images/3.jpg" height="200" width="300"/>
</a>
<br/><br/><br/>
<img src="images/4.jpg" hspace=30/>
<img src="images/5.jpg" hspace=30/>
<img src="images/6.jpg" hspace=30/>
<br/><br/>
<embed    src="images/8.mp4" width="500" height="400">
</embed>
</body>
</html>
```

本书相关素材请扫下面二维码获取。

参 考 文 献

[1] 顾翠芬. 计算机应用基础[M]. 北京：清华大学出版社，2011.

[2] 吕晓阳. 计算机网络技术[M]. 北京：中国铁道出版社，2009.

[3] 前沿文化. Windows 7 从新手到高手[M]. 北京：科学出版社，2012.

[4] 吴华，兰星. Office 2010 办公软件应用标准教程[M]. 北京：清华大学出版社，2012.

[5] 肖晓琳，林金山，徐素枚. 移动通信原理与设备维修[M]. 北京：高等教育出版社，2012.